U0470305

主编·韩子勇

CULTURAL INVESTIGATION OF THE GREAT WALL NATIONAL CULTURAL PARK

行行復行行

长城国家文化公园文化考察

文化藝術出版社
Culture and Art Publishing House

一切过往，皆是序章

国家文化公园是新时代重大文化工程，是践行习近平文化思想，推动文化遗产系统性、整体性保护的重要举措。党的十八大以来，在文化自信、文化强国、文旅融合、中国式现代化背景下，中国文化建设进入繁荣发展新阶段。国家文化公园从长城、大运河、长征，延展至黄河、长江，覆盖30个省（区、市），悠悠历史文脉，煌煌精神足迹，第一次以"国家文化公园"的名义鲜明地勾勒出来，成为中华文化标识，极大地创新了文化传承发展、精神家园建设的体制机制，必将具有里程碑的意义。

《长城、大运河、长征国家文化公园建设方案》指出，国家文化公园是国家推进实施的重大文化工程，通过整合具有突出意义、重要影响、重大主题的文物和文化资源，实施公园化管理运营，实现保护传承利用、文化教育、公共服务、旅游观光、休闲娱乐、科学研究功能，形成具有特定开放空间的公共文化载体，集中打造中华文化重要标志，以进一步坚定文化自信，充分彰显中华优秀传统文化的影响力、革命文化的感召力、社会主义先进文化的生命力。

2021年2月9日，国家文化公园专家咨询委员会秘书处在中国艺术研究院挂牌成立。中国艺术研究院认真履行国家文化公园专家咨询委员会秘书处各项基本工作职责，协助开展委员遴选、考察调研和培训工作，组织评议国家文化公园建设保护规划、专项规划、建设项目，开展学术研究和阐释，推动国家文化公园学科体系、学术体系、话语体系的建设，撰写《长城、大运河、长征、黄河、长江论纲》，主编《中国国家文化公园丛书》，指导、拍摄专题纪录片，组织主题宣传报道，推出国家文化公园系列视频，创办《国家文化公园专刊》，编辑出版集刊《国家文化公园建设研究》，不断拓展工作思路、搭建沟通桥梁、凝聚专家智慧，创新工作方式，讲好国家文化公园故事，积极推动国家文化公园建设工作。

中国艺术研究院充分发挥全艺术门类的学科优势和雄厚学术力量，积极组织国家文化公园方向的课题研究工作。先后有国家社科基金艺术学重点课题"黄河国家文化公园基础理论研究"、文化和旅游部年度委托课题"长江文脉之于时代价值研究"、文化和旅游部智库类项目"长城国家文化公园步道建设"以及北京市文物局横向课题"大运河北京段文化遗产测绘大系"获准立项。同时，积极支持多项院基本科研业务经费项目，引导院内的学者参与到国家文化公园研究中来，就是其中之一。

"长城、大运河、长征、黄河、长江——国家文化公园文化考察"项目（长江国家文化公园被列入国家文化公园名录后，此研究项目延伸到长江文化的部分内容），充分发挥中国艺术研究院建筑与公共艺术研究所、艺术学研究所、马克思主义文艺理论研究所和中国文化研究所的研究力量，四个研究所分别承担长城、大运河、长征和黄河四条线路的学术考察和研究工作。建筑与公共艺术研究所重点调查长城沿线的物质与非物质文化遗产内容，将长城国家文化公园建设有关研究要素结合起来，将长城构筑物与沿线革命文化、乡土文化结合起来。艺术学研究所梳理大运河变迁脉络，对沿线文物文化资源的整体布局，对运河流经地的自然条件、人居环境、生产生活、节俗文化、人生礼仪和庙会文化等分别描述，结合流经地周边的世界文化遗产、全国重点文物保护单位、国家历史文化名城和中国历史文化名镇名村及风景名胜区等资源，推动资源整合和统筹利用方面的研究。马克思主义文艺理论研究所结合考察点的人文地理、民俗风情，描述和挖掘长征路线考察点的地域特色、人文特色，书写长征路线考察点发生的经典事件、感人故事，凸显长征精神与该考察点的内在联系，阐发"初心""使命"的当代意义。中国文化研究所选取黄河沿线体现"多元一体""向内凝聚""交往交流交融"，与长城、"丝绸之路"关联度高的遗产现场、文化景观，在爬梳传世文献的基础上，实地考察，吸纳最新的研究成果，呈现当下视野中"以黄河为隆起的书脊，以万里长城、'丝绸之路'为延展的两页"的黄河文明。此外，摄影与数字艺术研究所征集长城、大运河、长征、黄河沿线的历史照片 500 幅左右，并组织影像创作，梳理国家文化公园的影像资料，建立相关数据平台，对搜集创作的影像资料进行研究。

　　面对如此悠远宏阔、深沉辉煌的文化地层与精神长河，这几本考察成果，仅是蜻蜓点水、不及万一，是初步的尝试。一切过往，皆是序章，让我们努力，为这伟大的宏图华构，添砖加瓦。

韩子勇

2024 年 12 月 10 日

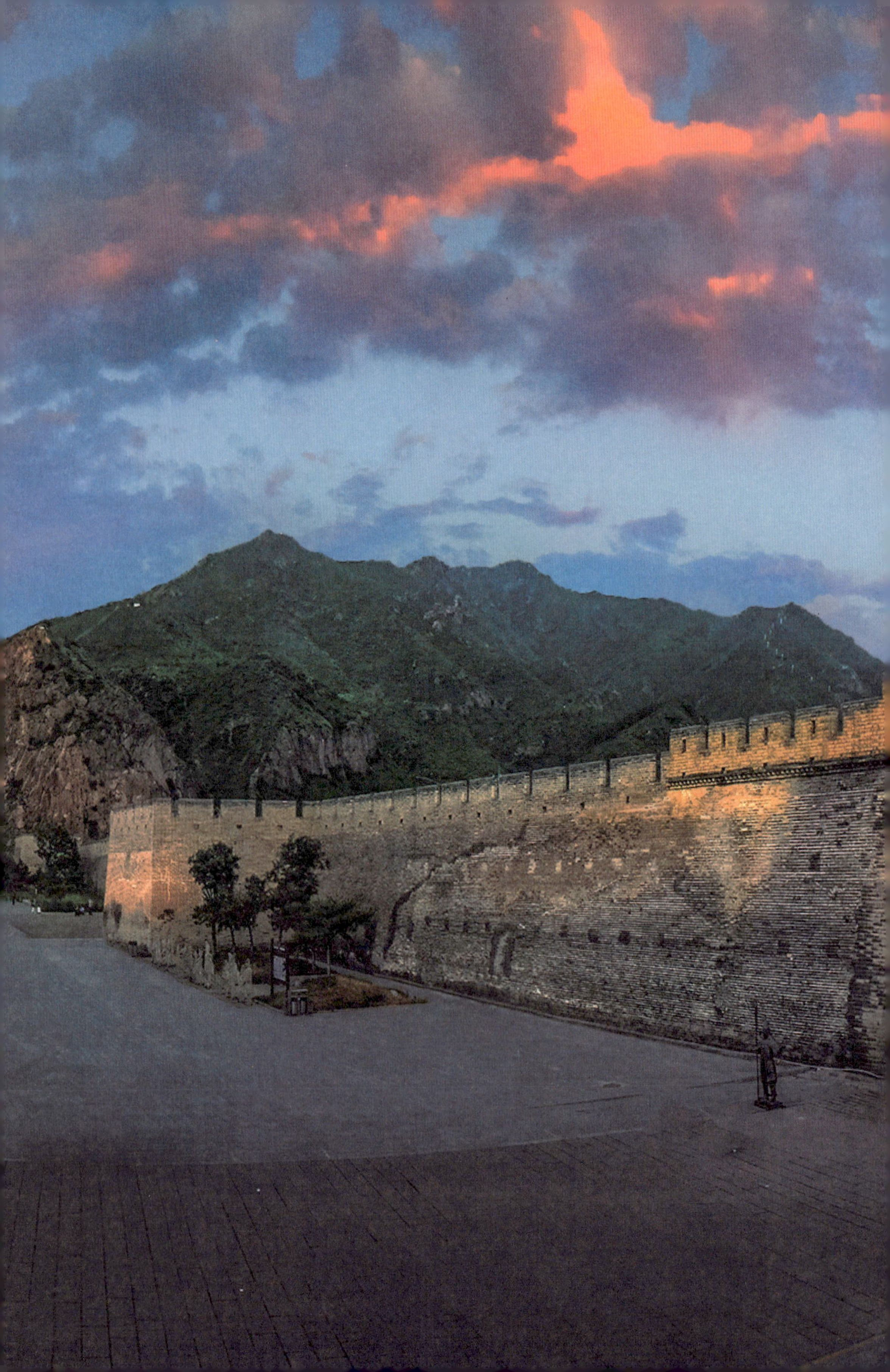

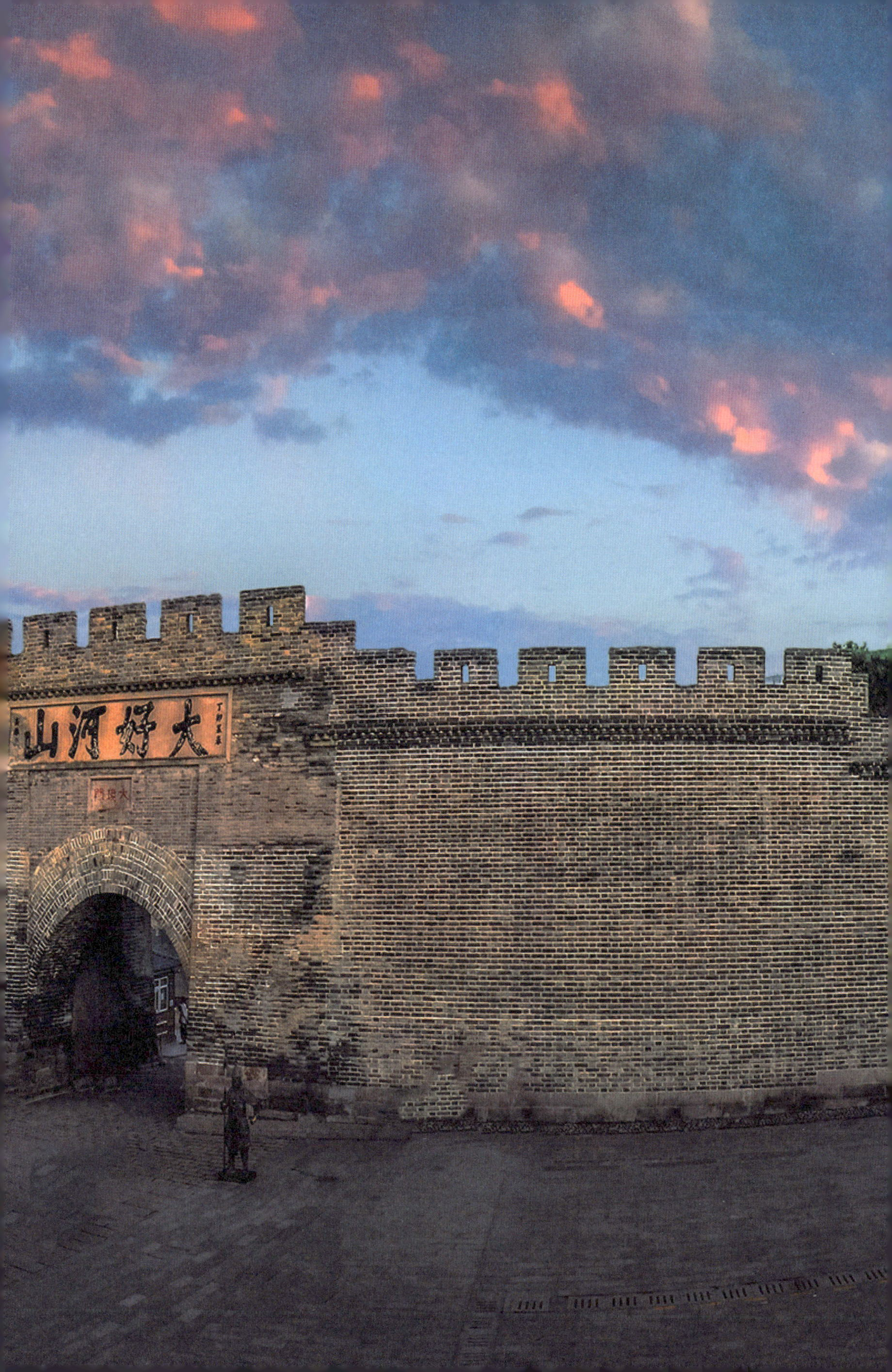

目 录

长城互市与民族融合：

古代长城沿线的商贸文化考察记 | 001

长城护商与文化交流：

"丝绸之路"上的河西文化走廊考察记 | 021

钢铁长城与守卫家国：

河北长城防御体系下的"长城抗战"文化考察记 | 040

山海长城与传承赓续：

冀东辽西长城文化考察记 | 069

高原长城与多重文化：

宁夏镇明代九边重镇长城文化考察记 | 086

中英长城与景观阐释：

中国明代蓟州镇长城与英国哈德良长城景观考察记 | 103

长城解读与体系建构：

国家文化公园历史空间的叙事结构考察记 | 137

长城保护与承继前序：

长城遗产岁月痕迹考察记 | 149

长城互市与民族融合：
古代长城沿线的商贸文化考察记

田林 | 中国艺术研究院建筑与公共艺术研究所
王阳 | 中国艺术研究院建筑与公共艺术研究所

据史料所载，中国历史上最早的长城大约兴建于公元前7世纪。公元前215年，秦始皇"乃使蒙恬将三十万众北逐戎狄，收河南，筑长城，因地形，用制险塞，起临洮，至辽东，延袤万余里"（《史记·蒙恬列传》），"万里长城"之名遂见于历史。在随后的2000多年里，汉、隋、明等大一统王朝，以及北魏、北齐、金等民族政权都曾大力修建长城。经过历朝历代的不断修筑、完善与利用，造就了长城这一横亘于中国北方，地跨15个省、自治区、直辖市的建筑奇迹和独特的历史景观。长城也从单纯的军事设施，逐步演化为凝结着中国古代劳动人民的心血和智慧，积淀着中华文明博大精深、灿烂辉煌的文化内涵，体现着中华民族的精神品质和价值追求的中华民族象征。

2019年12月，中共中央办公厅、国务院办公厅印发《长城、大运河、长征国家文化公园建设方案》，长城国家文化公园建设项目正式启动。相信以此为契机，长城这一守望华夏文明的"巨龙"必将在新时代感召下，再一次展现出勃勃的生机与活力。

保护、利用好长城资源，建设好长城国家文化公园，不仅要了解长城的历史沿革、功能布局、营建技术和构造体系等长城物质遗产内涵，还应了解与长城相关的人文地理、政治文化、贸易交流和人物故事等长城非物质文化遗产。前者是长城保护工作的基础，后者是长城活化利用的方向。后者更能体现历史上长城内外人民相互融合、相互促进、共同发展的真实写照，是让广大人民群众全面了解长城历史的不可或缺的组成部分。

一、各地长城互市的设立与发展

中国古代长城防御体系建设主要是烽燧、城墙、道路、关城，其他附属建筑包括驿站、道路、水利工程、敖仓等。这些建筑在担负起军事防御职能的同时，也改善了长城沿线戍边人员及民众的日常生活。随着长城沿线地区的经济发展，商贸往来变得更为频繁。在和平时期，长城防御体系也从军事功能拓展到商贸交往功能。从历史上看，历朝历代修筑长城的目的在于防御外侵、保境安民，同时，长城沿线的商贸发展带动了各民族之间的交流，中原农耕文化与游牧文化在战争与商贸中不断融合，逐渐形成和平交往、贸易互惠的发展秩序。

互市贸易制度的设立起始于汉代。历经"文景之治"后的汉朝国力日盛，而此时的北方匈奴也日渐强大。汉武帝刘彻为抵御北方匈奴入侵，派遣李息、卫青等人出征讨伐并夺取河套要地，派霍去病沿黄河攻伐河西走廊，同时将大量中原民众迁徙至边塞，在秦始皇修筑的长城的基础上继续修筑汉代长城，希望能够抵御北方匈奴的侵犯，并借此机会打通

图 1　敦煌汉代长城烽燧（杨东摄）

长安至西域的商路。（图1）

　　随着北方匈奴对中原地区袭扰、抢掠的频繁，汉朝不得不在长城沿线进行强大的戍边军事部署。但是，长期的戍边军事开支让汉朝财力消耗太大，因此，汉朝便希望开通中原地区与北方地区的商业贸易，一方面可以通过商贸发展减少军事冲突，另一方面又可以利用商贸收入补充军事防备开支。《盐铁论·本议》曰："匈奴背叛不臣，数为暴于边鄙，备之则劳中国之士，不备则侵盗不止……边用度不足，故兴盐、铁，设酒榷，置均输，蓄货长财，以佐助边费。"于是，在汉匈订立和亲政策后，经汉朝大部分官员商讨决定在长城沿线地区开展非军事领域的商贸活动，由此开始了汉朝与匈奴的贸易往来。张骞出使西域是联络各国共同打击匈奴，并非与匈奴的贸易往来。汉朝与匈奴约定以长城为分界线开展贸易交流，"今帝即位，明和亲约束，厚遇，通关市，饶给之。匈奴自单于以下皆亲汉，往来长城下"（《史记·匈奴列传》）。中原以丝绸、布帛、粮食、盐铁等商品与北方的马、羊、驴等牲畜进行交换，逐渐形成了具有一定规模的贸易活动。据《后汉书·南匈奴列传》记载："元和元年，武威太守孟云上言北单于复愿与吏人合市，诏书听云遣驿使迎呼慰纳之。北单于乃遣大且渠伊莫訾王等，驱牛马万余头来与汉贾客交易。诸王大人或前至，所在郡县为设官邸，赏赐待遇之。"由此可见，北单于特意遣人驱赶万余头牲畜来武威合市。在史书记载中有许多对当时商贸活动的描述，如"立屯田于膏腴之野，列邮置于要害之路。驰命走驿，不绝于时月；商胡贩客，日款于塞下"（《后汉书·西域传》），大意为粮食的储存就在田野之上，传递信息的驿站就在重要道路旁，往来的驿马日月不绝，来往边塞的客商与胡人都在边塞受到款待，侧面表明了汉朝边境地区的贸易已经较为繁荣。

然而，贸易往来并不能满足所有游牧民族，所以，除在长城沿线的正常贸易活动之外，走私贸易也屡禁不止。《后汉书·乌桓鲜卑列传》中记载了议郎蔡邕的话："自匈奴遁逃，鲜卑强盛，据其故地，称兵十万，才力劲健，意智益生。加以关塞不严，禁网多漏，精金良铁，皆为贼有；汉人逋逃，为之谋主，兵利马疾，过于匈奴。"可见，当时边境走私的已经不仅仅是生活用品，还涉及精良的兵器、金属装备等，这些物品的走私贸易使得匈奴、鲜卑等地区的武装也日益强大起来，这也迫使之后的朝代开始从制度上对长城沿线边境贸易进行约束。隋唐时期，为防止漠北突厥的袭扰，中央政府也延续汉代的长城防御体系，并且也在贸易通商的层面进行考虑。据《新唐书·西域传》记载："贞观初，献方物，太宗厚尉其使曰：'西突厥已降，商旅可行矣。'诸胡大悦。"可见，唐太宗在边境稳定之时，已经有开展贸易往来的想法。同时，统治者对边境的经济活动也有着很深刻的认识，从中看到了多方面的优势和影响，认为互市贸易既能够补充军事防备物资，还能够赚取一定的利润。开元九年（721），唐玄宗在《赐突厥玺书》中说："国家旧与突厥和好之时，蕃汉非常快活，甲兵休息，互市交通。国家买突厥马羊，突厥将国家彩帛，彼此丰足，皆有便宜。"他认为以前与突厥关系良好时，通过通商互市进行贸易往来，可以改善关系，满足彼此补充物资的需求，可见最高统治者已经将长城沿线商业贸易列为对游牧民族的重要经济政策。《旧唐书·突厥传》中记载："（开元）十五年，小杀使其大臣梅录啜来朝，献名马三十匹。时吐蕃与小杀书，将计议同时入寇，小杀并献其书。上嘉其诚，引梅录啜宴于紫宸殿，厚加赏赉，仍许于朔方军西受降城为互市之所，每年赍缣帛数十万匹就边以遗之。"唐玄宗正是看到突厥小杀并没有附庸吐蕃对唐朝出兵征战，所以特别恩惠在西受降城择机开展互市贸易。而到了战争时期，唐朝又一度严格限制对外贸易。《唐会要·关市》中记载天宝二年（743）十月敕："如闻关已西诸国兴贩，往来不绝，虽托以求利，终交通外蕃，因循颇久，殊非稳便。自今已后，一切禁断，仍委四镇节度使及路次所由郡县严加捉搦，不得更有往来。"这则敕令异常严格，由于此时的唐朝与诸国关系紧张，所以禁止了一切对外蕃的贸易往来。然而，随着国力强盛和军力强悍，唐朝征讨西域诸国的战争大获全胜，西域诸国见唐朝之强盛便难起抗衡之心，纷纷派遣使臣前来修好，唐朝则予以诸国回应，同意进行朝贡通商，同时允许在长城地区与游牧部落开展贸易活动，制定和平的外交政策。

五代之后，宋与辽、金、西夏、蒙古等政权间战乱又起，进而开始集中力量修缮加固城墙、边堡、屯兵城等防御体系。与此同时，还在接壤地区设立了许多边贸通商的"榷场"，也就是一边战争一边通商。据《宋史·食货下八》记载："契丹在太祖时，虽听缘边市易，而未有官署。太平兴国二年，始令镇、易、雄、霸、沧州各置榷务，辇香药、犀象及茶与交易。后有范阳之师，罢不与通。"其中可知，太平兴国二年（977），北宋在镇州、易州、雄州、霸州、沧州设置榷场，开展官方层面的贸易往来，从此开启了另一种互市形式。"自宋人岁供之外，皆贸易于宋界之榷场。"（《金史·食货志》）这表明了宋金重要的茶叶贸易都设立在宋国的榷场。同样，"皇统元年正月……己未，初定命妇封号。夏国请置榷场，许之"（《金史·本纪第四熙宗亶纪》）。可见，金与西夏国之间也开始设立榷场并开展互市交易。早在康定元年（1040）四月，宋仁宗曾给唃厮啰政权承诺，希望他们帮助北宋讨夏，"如有功，则加以王爵。置榷场，许市易羊马，以通货财"[1]。这些榷场不仅随着各国关系好坏和战争影响而时开时闭，还可以通过贸易来调节邻国之间的文化交流与往来，开拓了各民族互通有无、相互融合的贸易道路。

　　明代为了防御鞑靼、女真等部落的袭扰，延续了前述各国的遗址并修筑长城及边防重镇，在经历边境争端及贸易沟通后逐渐沿长城线路设立众多市场，主要分为马市、民市、月市、旬市四种。马市的设立主要由于中原地区气候环境难以养育良马，出于军事需求，需要对外进行采购补充军资，而游牧民族则倚仗边境贸易促进经济发展，百姓也希望通过互市交易改善生活，边境地区有着非常强烈的交易需求，一般都是待农牧双方认为时机成熟就会形成边境互市，其中较为著名的就是开原"三关三市"。大明永乐四年（1406）三月，明朝"设辽东开原、广宁马市二所。初，外夷以马鬻于边，命有司善价易之。至是来者众，故设二市，命千户答纳失里等主之"。"永乐间辽东设马市三处：其一在开原城南关，以待海西女直；其一在城东五里；其一在广宁城，皆以待朵颜三卫夷人。"[2]明朝为了安抚边疆，专门下令为兀良哈三卫和海西女真设立边境马市。马市因此成为受到官方支持并且接受官方管理的重要市场，由官方设置本金，双方互派"守市"人员进行组织、监督、管理，部分商民可参与其中。除辽东地区外，甘肃地区的中卫马市、清水营马市等，都是重要的军马交易场所。民市最初是马市的一部分，后来逐渐脱离形成独立的交易市场，由官方管理但并不出"市本金"作为购置费用，主要由民间商人自购货物开展交易。月市是在民市的基础上进一步发展而来的。民间对于牲畜、粮食等物资的储运不便，以及对日常物资的需求增长，导致需要经常性地进行交易，这样原本很久才开放的马市和民市不足以满足这些需求，所以就诞生了月市。其开市时间固定在每月的第几日，这样就使得交易周期变短，便于货物的储存与买卖。另外，还有一种旬市，主要适用于离上述几种市场较远、规模较小、较为临时的交易情况，便于随时撤市。（图2）

清朝时期在长城地区的防御重镇也设立了马市等贸易场所，极大地促进了长城沿线贸易的发展。据清代奏折记载："督提等标分委备弁、兵丁，给以咨批，至兵部挂号，前赴张家口采办。口上商贩人等俱先以货物换回蒙古马匹，成群牧放。差员到口，即向商贩交易。"[3]乾隆时期，军队经过皇帝批准后在张家口等地区采购军马，由于这些采购主要集中于西北长城各口，所以品质优良的蒙古马匹也被称作"口马"，这些马

图 2 辽东虎山长城（杨东摄）

匹被朝廷优先换回补充军队用度。根据这些边境互市的发展脉络可以看出，长城沿线的贸易制度主要与战争和马市有关，同时，这种互市体系

中又逐渐分化出官市与民市两种互补的形式。可以看出，地理环境及气候导致的长城内外人民的生活方式并没有改变，物品交易的需求并没有

减少，在众多条件的影响下，逐渐形成了由长城沿线互市制度组成的贸易体系。

二、北方互市设置的条件与约束

长城沿线互市的设立，极大方便了农耕民族与游牧民族之间的物资交换需求，但同时也产生了一定的弊端。例如，贸易货品的掠夺、铁质军事装备的走私和重要物资的私售等，因此经过历代中央政权的商讨与筛选，决定通过择址设置和制度管理等方式进行约束。

首先，互市地点的选择最好是有较大规模军事设施或较强驻扎军队的附近，以防止边境入侵掠夺，并可加强互市的管理。在汉代长城防御体系内，边塞除了设置武威、张掖、酒泉、敦煌四郡外，还在驿道上建立边城、关隘，如内蒙古保尔浩特古城、甘肃夏河县八角城以及河西四郡的玉门关、阳关等地区的烽燧和驿站，这对于"丝绸之路"商业通道的安全保护起到了非常大的作用。（图3）唐代更是选择军事防备强大的地区作为互市场所，一旦有掠夺或者入侵可以及时关闭市场，并且调动军队加以防备，保障物资钱财和运输商队的安全。开元九年（721），唐玄宗回复毗伽来使时称"曩昔国家与突厥和亲，华夷安逸，甲兵休息；国家买突厥羊马，突厥受国家缯帛，彼此丰给。自数十年来，不复如旧，正由默啜无信，口和心叛，数出盗兵，寇抄边鄙"[4]，描述了唐朝与东突厥互市贸易由来已久，本来彼此互补但是默啜强袭边境导致贸易中断。直到开元十五年（727），边境关系趋于稳固，唐朝才重新选定长城军事枢纽西受降城作为与东突厥和回纥藩属政权的互市贸易场所，利用城内

图3　敦煌玉门都尉府所驻"小方盘城"遗址（杨东摄）

强大的军力驻扎保障交易秩序和物资安全。明朝也是在边境军事重镇修筑马市，保障交易安全。从陕西榆林、大同长城边墙的马市与镇守寨堡的历史地图中可以看出，这些长城沿线地区均有大量的边关军队驻扎且军事设施完备，能够较高质量地维护商贸秩序，守境安民。如在大同《新平堡图》中记载"城周三里六分，高三丈五尺，内驻恭将守备各一员，中军千把总七员，旗军一千六百四十二名，马骡五百九十六匹头"。又如镇羌堡与得胜堡两堡紧邻组成重要防御体系，在长城边堡设置恭将守备，骡马两千余匹，兵将三千余名，还有高墙寨堡和长城守备。由此足见这些设立马市的区域军事保障力量非常强大，通过这些军事体系既可以防卫戍边，还可以保障市场安全及贸易运输。

其次，设立互市贸易还需要便利的运输空间，牛羊马匹、粮食物品运输都需要通畅便捷的交通路线，所以利用军事运输通道、边境城市间的交通要道、连通大城市的交通枢纽就成为贸易运输的重要选择。汉唐以来，影响范围最大的"丝绸之路"是通往西域的主要商贸路线，其择址主要看中交通便捷。由于修筑长城军事防御体系设置的敦煌、酒泉、张掖、武威四郡，其郡县之间的军事运输、粮草供给需求使得四郡与中原地区建设了众多通达道路，这些道路的建设、沿线驿站的补给为贸易运输提供了良好的条件。由于四郡是贸易往来的交通枢纽，所以在四郡周边均设有重要的贸易通道、市场、驿站，为物资运输提供了便利。明清以来极为兴盛的"张库大道"，也是中原通往长城外的重要交通商道。据《宣化县新志》记载："在昔，蒙古内附置为藩属，张家口、库伦、恰克图为互市要区，商业兴盛不亚内地，我宣商人多往焉。岁一往返，获利数倍。" 可见，张库大道是边境互市中重要的运输通道，极大方便了贸易运输和商人往来，其规模影响不比国内的市场小。除此之外，在辽宁宁远卫（今辽宁省兴城市），城西南有地运所及驿铺十余座，其规模很大，传驿体系完备，也给长城沿线提供了有效的经济供给与互市交易保障。长城沿线这些军事运输路线、军事防备路线、交通枢纽的设置，开拓了边疆地区的陆路通道，给贸易的发展提供了良好的条件。

另一较为重要的择址条件是在商贸路上与市场旁应有生活起居处所和牲畜饮水源。由于古代陆路运输效率较低且距离边境较远，牲畜的远距离迁徙与货物运输的时间较长，商人及运输人员的生活补给及驮马等饮水吃草就显得格外重要。这一点在官方设市的要求中就有所体现。明永乐三年（1405），明成祖敕令兵部："令就广宁开原择水草便处立市，俟马至，官给其直即遣归。"[5]可见，官方将水草丰盛作为互市择址的重要条件。明代长城边墙范围内设立的大同得胜堡马市、张家口堡马市、守口堡马市、水泉营马市等大多因为沿途聚落较大、汲水住宿方便而逐渐发展为规模较大的互市之所。这些市场周边往往具有充足的水源，都可以满足游牧部落及边民商人的生活所需和牲畜饮水用度。而长城沿线不适宜生存的沙漠、高山等极端恶劣环境区域，则很少设马市及贸易通道，例如腾格里沙漠、巴丹吉林沙漠都人迹罕至，在其周边环境适宜、水源充足的清水营、高沟寨等区域则互市规模较大，边贸繁盛。总体来说，运输空间、交易空间、生活空间等择址要素影响重大，但也存在部分规模较小、地处较偏远的市场在不满足水源充足或不在大规模军事保障条件下依然沿长城设立，如杀虎口、云石堡等小市。这是其地理位置偏僻或人口密度较低等因素导致的，这类市场往往与周边交替设市，能够满足区域内少量人群的基础生活保障，影响力较小，发展程度较低。地处长城屏障的边境互市虽然受到朝廷支持，但在互市制度上也有很强的约束性。在《金史·食货志》中记载榷场"皆设场官，严厉禁，广屋宇以通二国之货，岁之所获亦大有助于经用焉"，可见边贸双方都有一定程度的忌惮，这就导致边境互市的约束非常多。

　　据相关材料研究可知，在边州设立的互市需要双方商定物品、价格、时间后报请中央政府批准。一般情况是游牧民族派使臣或者上表奏疏请求合市，在《唐会要·吐谷浑》中记载："吐谷浑、突厥各请互市，诏皆许之。"可见，突厥等国在设市之前需要提出申请，经审批之后才能开市。互市中对交易种类和品相也有所限制，主要为良好的牲畜（以马、羊、牛为主）。除此之外，朝廷对于布帛、绸缎等重要战略物资也严加限制，不得私自交易，需要接受管理且须纳税。如《关市令》中记载："诸锦、绫、罗、縠、绣、织成、绸、丝绢、丝布、牦牛尾、真珠（珍珠）、金、银、铁，并不得与诸蕃互市及将入蕃，所禁之物，亦不得将度西边、北边诸关及至缘边诸州兴易，其绵、绣、织成，亦不得将过岭外。金、银不得将过越巂道。"[6] 可以看出，唐代已经形成了专有的法令加以限制交易物品，丝绸布帛与金银铁器等战略物资严禁进行交易，所有受到管控的物资不得运输出域。在《唐六典·少府监·诸互市监》中还记载："凡互市所得马、驼、驴、牛等，各别其色，具齿岁、肤第，以言于所隶州、府，州、府为申闻。太仆差官吏相与受领，印记。上马送京师，余量其众寡，并遣使送之，任其在路放牧焉。"可见，中央政府在互市交易中对于对方提供的牲畜品相要求极高，已经细致到年岁和毛发，这些骡马经挑选后还要优先供给朝廷使用。如此严格的要求主要是由于在互市的过程中，原本平等和互惠的贸易逐渐发展成超越朝廷物资生产承受能力的交易，市场紧俏货、重要物资的价值经常变化，所以官方就通过各种筛选制度调节交易平衡。

同时，在边境市场中需要设置多名官员进行开市管理和秩序维护。在《唐六典·少府监·诸互市监》中记载，需设置监市1人、丞1人、录事1人、府2人、史4人、价人4人、掌固8人，可见交易全程都受到官方特定官员的监管，并且被记录在典，而后上报朝廷。《宋会要辑稿·食货三八·互市》中记载："旧制，总领兼提领官，知军兼措置官，通判兼提点官。榷场置主管官二员，押发官二员；主管官系朝廷差注，押发官从措置官辟差。" 表明了宋代的榷场中设置了提领官、措置官、提点官各1人，分别由地方行政长官兼任；榷场主管官和押发官各2人，均由官方选派管理榷场。这样专门为互市场所设置监察和管理人员，是因为双方语言、习俗、品行不同，容易导致贸易矛盾和争执的产生，所以政府要严格维护秩序。

随着清朝经贸政策的开放，长城沿线的商业贸易少了部分约束，更加繁荣发展。例如在山海关、张家口、古北口等地全面开放贸易往来，只在市场开设时由双方互派士兵驻扎监督贸易交换即可，不再严格设置开闭市管理人员，对于交易物品和时间也以市场自愿为主，减少了官方的干预。除此之外，原本边防军事重镇也逐步发展出众多贸易市场，例如漠南地区的虎口城与归化城等地，减少了军事防御层面的需求，转而扩大了商业经济层面的职能，促使长城防御体系下的边境贸易发展越来越壮大。

三、南北互市物品与民族交往

由于地理与气候因素的长期影响，中国内陆形成了兴安岭—张家口—兰州—拉萨—喜马拉雅山脉东部的400毫米等降水量线。这条地理分界线导致粮食种植与畜牧养育的生态基础有着很大差异，使得农耕地区适宜产出粮食及生产作物，游牧地区适宜畜牧牛羊等。物产的差异导致农耕地区需要游牧地区的牛羊、马匹、兽皮等物资，游牧民族需要农耕地区的粮食、铁器、食盐、丝绸等物资，在两种生存条件下的相互需求也使得不同民族之间的贸易物品范围不断拓展（表1），民族交往也随之加深。（图4）

表 1　长城沿线商贸往来物品种类列举

互市种类	交易物品
骡马	军马、牛、羊、骡、驽马、驼、皮革、敦马、草马、波斯敦父驼、草驼等
谷麦	大麦、小麦、粟、稻谷、青科（稞）、豆等
米面	小麦面、大麦面、大米等
果子	干鲜瓜、葡萄、枣、杏、梨、桃等
布	叠（棉）布、麻布、棉毛混纺的氎布、边赐麻布等
彩帛	丝绸锦缎、龟兹锦、疏勒锦、提婆锦、紫熟锦绫、绯熟锦绫、夹纱绫、杂色隔纱绫、割丝（缂丝）、燋割（烫熟的缂丝）、绢、罗、绒线等
菜籽	胡麻籽、油菜籽、萝卜籽、韭菜籽、蔓菁籽、葱籽、杏仁、核桃仁等
凡器	桌、椅、叠子（炕桌）、大屈碗、小碗、羹碗、大染盘、杯、杓等
鞍辔	套马、驼、牛的用具，马鞍等
铜铁器	铜碗、铜杯、铜盘、铜壶、铁钉、铁钳、铁凿、铁锯、铁斧、铁锅、镔铁刀、汤锅、饼铛、铁子、铁耕具等
香料、调料	盐碱、白糖、八角、花椒、乳香、迷迭香、五木香、白檀香、龙涎香等
药材	贯众、细辛、知母、贝母、天门冬、独活、黄连、酸枣、菟丝子、葶苈子、蕙虫草、伞梗虎耳草、耳草、囊距翠雀、喜马拉雅紫茉莉、翼首草、毛瓣绿绒蒿、蓝石草、乌奴龙胆、山莨菪、熊胆等
茶	绿茶、花茶、红茶等
金银玉	金器、银器、玉器饰品等
柴草木炭	草料、桑树炭、胡杨炭、白柽炭、苜蓿、春茭、禾草、刺薪（骆驼刺）、芦苇等

唐朝在长城军事重镇西受降城互市中，最主要的贸易物品还是粮食和马匹，除此之外还有布帛、药材、茶叶等物品。《旧唐书》中记载："回纥恃功，自乾元之后，屡遣使以马和市缯帛，仍岁来市，以马一匹易绢

四十匹,动至数万马。"可见,回纥与唐朝主要开展绢马贸易,通过马匹换取丝绸、布帛等物资。《封氏闻见记》中也记载:"古人亦饮茶耳,但不如今人溺之甚,穷日尽夜,殆成风俗,始自中地,流于塞外,往年回鹘入朝,大驱名马,市茶而归。"表示西域诸民族开始接受饮茶习俗,认为茶叶能够解腻去病,所以以马匹交换茶叶,形成茶马贸易。由此可知,游牧民族逐渐学习农耕民族的生活方式,不断尝试中原地区更多种类的生活物品,饮食等生活方式也得到了改变,交易的物品也逐渐丰富起来。在《天宝二年交河郡市估案》中记载,西州地区的市坊之中设置的行市种类繁多,包括谷麦行、果子行、(叠)布行、凡器行、铛釜行、骡马行、鞍辔行、饲草行、靴鞋行、药行、炭行、香料行等,业态种类已经与中原地区鲜有差别。这表明了虽然边境地区的生产力有限,但是中原地区给予了充足的物资保障,交易物品也渐渐地被游牧地区接受,成了他们日常生活中必不可少的开销。

北宋年间,在官方设置的榷场中可见到许多种类的物品,"蕃部出汉买卖,非只将马一色兴贩,亦有将金、银、斛斗、水银、麝香、茸褐、牛羊之类博买茶货转贩入蕃"(《宋会要辑稿》),可见在制度约束之下,榷场中也有许多金银、药材被交易到外蕃。

到了明朝,由于与游牧民族常年的征战,官方对于马市开启了较强的管束,主要贸易物品被限于马及基础生活物资,例如长城沿线军事重镇大同的得胜堡就是当时全国最大的边贸口岸马市,中央政府主要提供的是绢、布、粮食和生活日用品,比如靴、袜、毡帽等,蒙古部落提供的是马匹、牛羊、骆驼等。同样,在大同新平堡的私市贸易中,交易的物品也主要包括马、骡、牛和羊等其他牲畜。但是官方对交易物品的约

图 4 张家口大境门（杨东 摄）

束并不可持续，民间需求持续扩大，贸易的种类不得不扩展，官市也逐步摆脱了品类限制。明万历《延绥镇志》中记载，城中分"南北米粮市与柴草市、盐硝市、杂市、木料市"等，由此可知，随着贸易的深入，贸易需求也在不断地提升，众多种类的内陆贸易物品出现在了边境贸易之中，这使游牧民族的物质生活丰富程度得到了极大提高，同时带动了各族之间生活方式、习俗文化的学习和借鉴。

四、长城沿线贸易促进民族间融合发展

"九边生齿日繁，守备日固，田野日辟，商贾日通，边民始知有生

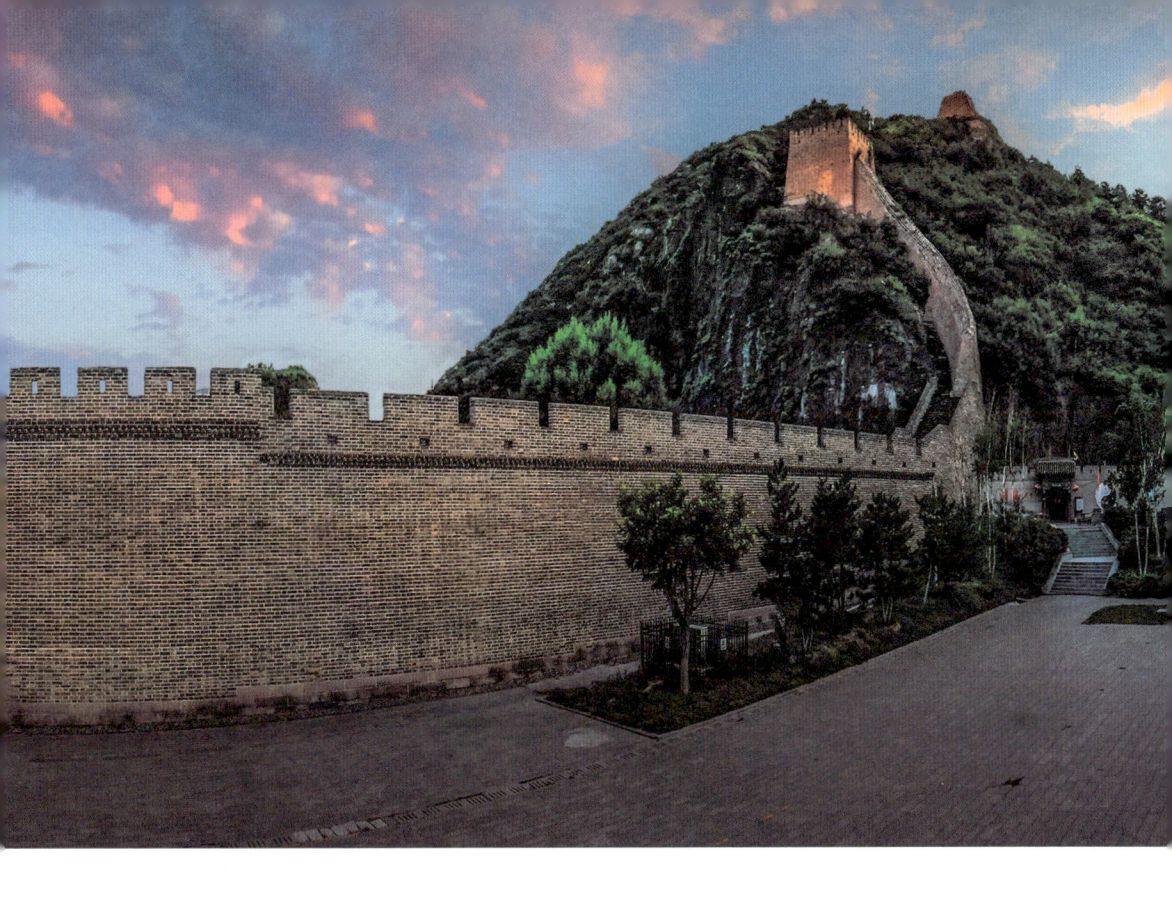

之乐。"(《明史·方逢时传》)这是清代名臣张廷玉对互市的评价，他认为长城沿线的贸易使得人口繁盛，守备稳固，田地良垦，商业兴盛，百姓喜乐。总体来看，自汉至清的长城沿线贸易往来中，各民族间逐渐从物质贸易层面的交流提升到精神文化层面的交往，不同民族的文化在贸易过程中不断碰撞、交融，增强了各民族之间的沟通交流，促进了文明间的学习互鉴。例如，蒙古族学习汉族的房屋结构对原有的蒙古包式住宅进行调整；藏族在衣着图案、纹饰上汲取汉族神韵；契丹族、回族在婚丧嫁娶等生活习俗上互相尊重；女真族、党项族对于儒家文化和礼仪进行吸纳；等等。在官方与民间的贸易交流中，审美、习俗、信仰、礼仪等精神文化的交流不断增进，相互理解的程度也不断加深，可以说这是长城沿线商贸往来逐渐发展的重要结果。

更进一步来看，古代长城沿线的商贸往来使长城内外的经济交流变得密切，随着多民族的融合发展变得愈加深入，文化交流也使各民族之间的关系变得更加融洽友好。农耕地区丰富的物产和贸易带动了游牧地区的经济发展和生产力进步，同时也给两地区民众带来了和平交往的机会。长城防御体系随着沿线商贸的发展，从军事功能上的封闭与防御逐渐转变为经济贸易功能上的开放与统一，形成了良好的贸易交往体系。政治上的攻伐和竞争逐步被经济上的相互依存和互惠共赢取代，这是我国朝着和谐稳定、各民族多元一体、国家统一的趋势发展的重要体现，也是我国民族团结与民族融合的实证。

本篇注释

[1] （宋）李焘：《续资治通鉴长编》卷十，中华书局1985年版，第3004页。

[2] 李国祥、杨昶主编，姚伟军、李国祥、汤建英、杨昶编：《明实录类纂·经济史料卷》，武汉出版社1993年版，第223、228页。

[3] 《署理两江总督尹继善奏为遵旨复奏购买口马方式折》，1755年5月25日，载《宫中档乾隆朝奏折》第11辑，台北故宫博物院1982年版，第493页。

[4] （宋）司马光著，李伯钦主编，崇贤书院整理：《汇评精注资治通鉴》卷五，北京联合出版公司2018年版，第2048页。

[5] 李国祥、杨昶主编，姚伟军、李国祥、汤建英、杨昶编：《明实录类纂·经济史料卷》，武汉出版社1993年版，第223页。

[6] [日]仁井田升著，栗劲、霍存福、王占通、郭延德编译：《唐令拾遗》，长春出版社1989年版，第643页。

长城护商与文化交流：
"丝绸之路"上的河西文化走廊考察记

黄续 | 中国艺术研究院建筑与公共艺术研究所

长城是我国现存体量最大、分布范围最广的文化遗产，1987 年被列入世界文化遗产名录。甘肃境内长城资源丰富，有秦、汉、明三代长城，分别分布在 11 个市（州）、38 个县（区）。甘肃境内历代长城总长度 3654 千米，占全国长城总长度的近五分之一，居全国第二。其中，战国秦长城总长度 409 千米、汉长城总长度 1507 千米，明长城总长度 1738 千米，明长城长度居全国之首。甘肃境内长城保存相对完整，文物价值突出，嘉峪关关城、居延遗址、敦煌玉门关及长城烽燧遗址先后被列为全国重点文物保护单位。2006 年，甘肃境内包括长城墙体、壕堑及其沿线关堡、单体建筑等相关设施在内的历代长城整体被国务院公布为第六批全国重点文物保护单位。

长城的营建是一个系统工程，它前期的整体策划、建造过程中的工艺技术、西北的军事防御战略，以及甘肃独具特色的地理风貌和地域文明构成了甘肃境内长城独特的建筑文化。汉唐以来，河西走廊成为"丝绸之路"的重要组成部分，是古代中国同西方世界进行政治、经济、文化交流的重要国际通道。甘肃境内长城与"丝绸之路"的关系十分密切，长城的修建除了具有军事防御作用，还保护了丝路的安全，促进了文化交流。甘肃境内形成了建筑类型丰富、艺术成就颇高的长城文化遗产。因此，探究甘肃境内长城的营建与设计思想，以及与"丝绸之路"的关系，可以更加深入地认识和了解长城的文化价值，具有重要的历史和实践意义。

甘肃境内长城主要集中在河西走廊，除了长城的墙体等本体要素，它在修建的时候还和地形地貌、军事防御等因素相结合，包含了烽火台、关口、绊马坑、城堡等其他丰富的内容和建筑文化。河西走廊位于甘肃省西北部，是中国内地通往西域的要道，因位于黄河以西而得名。河西地区为一条东南向西北的走廊地带，南有祁连山地，北有北山山地（包括马鬃山、合黎山和龙首山），东临黄河，西接三垄沙，长约1000千米，走廊最宽处百余千米，最窄处仅3千米左右。地域上包括今甘肃省河西五市，即武威市、张掖市、金昌市、酒泉市和嘉峪关市。走廊内，除祁连山冷龙岭余脉乌鞘岭外，大多为黄土高原或戈壁滩、绿洲草原，地势平坦，一般海拔1500米左右。河西长城的营建往往根据河西地区的自然环境，以河西走廊为轴，向东西两个方向延伸，主要包括汉代河西汉塞的修建和甘肃镇明长城的营建两个时期。（图1）

一、构筑戈壁古道上的河西汉塞

河西长城主要从汉代开始修建。秦末汉初，匈奴不断骚扰中原，成为汉王朝统治的心腹大患。公元前138年，汉武帝遣张骞通使大月氏，联合西域共同抗击匈奴。公元前121年，汉武帝派骠骑将军霍去病出陇右击匈奴，在陇西郡和北地郡基础上，增设敦煌、酒泉、张掖、武威四郡，汉王朝开始控制整个河西走廊。

为了巩固河西走廊，"隔绝羌胡，使南北不得交关"（《后汉书·西羌传》），有效保证"丝绸之路"的安全畅通，西汉王朝开始对河西地区进行开发和利用，在此修筑汉长城，与西域进行贸易往来，为百姓提供生活便利，保证生命财产的安全。据《汉书·张骞传》记载，"而汉始筑令居以西，初置酒泉郡，以通西北国"。公元前111年，汉武帝下令修建东起令居（今兰州市永登县）、西至酒泉的长城防御工事，数年后汉长城从酒泉延伸到玉门一带。公元前102年，汉武帝又下令在额济纳旗（位于今内蒙古自治区）修居延塞，北起居延泽，沿黑河河道向南延伸，分别与张掖、酒泉两塞相连，形成一个"人"字形的庞大防御工事。这三段防御体系组合严密，烽燧相连。此后，汉长城沿着疏勒河流域一直延伸到古盐泽地区（今罗布泊地区），有效保障了河西走廊的畅通，不仅具有军事防御作用，还是极为重要的交通线和供给线，汉王朝的中央邮驿通道也随之到达了楼兰地区。汉长城的修筑促进了长城内外政治、经济和文化的发展。

河西地区汉长城的修筑是一个不断完善的过程，采用分段修筑，从汉武帝元鼎六年（前111）到汉宣帝地节三年（前67），先后修了五次，中间还进行了不断的整修。长城墙体的构筑，运用了土筑、石筑、土石混筑、红柳夹沙等多种方式。河西汉长城的修筑体现了因地制宜、就地取材的设计思想。《汉书·匈奴传》中记载郎中侯应语："起塞以来百有余年，非皆以土垣也，或因山岩石，木柴僵落，溪谷水门，稍稍平之，卒徒筑治，功费久远，不可胜计。"即在高山峡谷地区，长城修建凭借山险稍作整治；在河流滩涂地区，则砌筑沟堑，有的地方还建有木栅、水门、篱笆等设施。

图1　嘉峪关关城（杨东摄）

长城护商与文化交流："丝绸之路"上的河西文化走廊考察记

比如，酒泉以西，戈壁、沙滩分布广阔，汉塞结构主要为以堑壕与墙垣相结合，沿河流并充分利用沿岸的沼泽、湖滩、风蚀台地等形成的复杂地形为屏障，构建塞防。在开掘堑壕的同时，在堑壕外侧利用芦苇、红柳、沙砾等分层叠砌墙垣。因此，河西的汉代边防设施也被称为"河西汉塞"，它是由黄土、沙砾、芦苇、红柳等砌筑的墙垣、堑壕，山峰、河流、沼泽、沙漠等天然屏障，以及关堡等单体建筑共同组成的。

河西长城主要分为南塞和北塞，整体沿东西延伸，同时结合农业生产的需求、交通的顺畅以及控制水源等因素灵活布置。河西汉塞的北塞走向，主要利用河流、沼泽为天然屏障，并凭借休屠泽、居延泽，将两泽的下游三角洲囊括于防区内，驻守重兵屯田，以阻遏匈奴的南下通道。南塞的走向，主要利用祁连山地为天然屏障，并在各山口兴筑土、石等墙垣，切断北侵河西走廊的通道。

河西汉长城还建立一些附属设施，如屏障、坞堡、烽燧、关隘等，共同构成完备的军事防御系统。障，是都尉府或候官的治所。《汉书·武帝纪》颜师古注："汉制，每塞要处别筑为城，置人镇守，谓之候城，此即障也。"河西尚存的障，有敦煌玉门都尉府所驻"小方盘城"遗址，安西宜禾候官所驻A8遗址，金塔肩水都尉府所驻"毛城"遗址和肩水候官所驻"地湾"遗址等。障一般呈方形，面积随地域和官府等级大小不等，墙垣以夯土版筑或土墼砌筑，墙顶有女墙，有的障顶附属有候望燧或候望屋，障内有房屋数间，是河西汉塞沿线最高大严密的防御设施，也是边防最高级别官员的治所和居室。都尉府所驻障，多位于驿道上，与塞防保持一定的距离。为防止羌、匈奴等民族的入侵，汉政府除修筑长城外，还在长城沿线设立了军事性质较强的边城。边城是汉政府布阵于长

图 2 敦煌玉门都尉府所驻 "小方盘城" 遗址（杨东摄）

城沿线的军事据点，也是长城防线的后盾，从人员和粮草方面为长城防线提供后勤保障，考古发现的河西边城有汉宜禾古城、大湾城、休屠城、河仓城等遗址。边城的设计与建筑重在防御，主要体现在边城中的瓮城、马面、角楼等设施方面。（图2、图3）

烽燧，墩台多为方形，底边长5米至8米，高数米，收分明显，平顶，上建有小屋一间，即望楼，汉简中又称作"堠""候楼"等。望楼周围以土墼筑女墙，高1.5米左右，厚约0.8米，女墙顶无雉堞或望孔等设施。上下墩台或借助于墩台侧面砌筑的阶梯，或凭借软梯、脚窝攀登而上。遇到敌情发生，白天放烟为"燧"，夜间举火为"烽"，将敌情以烽火信号的形式传递是最有效、最快捷的通信联络方式。史书中记载了烽燧的主要任务是"谨候望，通烽火"，要求警戒瞭望，观察敌情，发放信号，急传言府。如《史记·司马相如列传》曰："夫边郡之士，闻烽举燧燔，

图 3　河仓城遗址（杨东摄）

皆摄弓而驰，荷兵而走。"烽燧、障城在营建过程中，采取多层坞院环绕、高筑障城、曲折迂回等相应的措施，以阻扰敌军人马进犯，防止弓箭偷袭。烽燧作为古代的报警系统，与长城相互结合，组成一个完整的军事防御体系。

二、甘肃镇明长城的营建

为了防止蒙古各部北下，明朝把长城沿线划分为九个防区进行防御，嘉靖二十一年（1542），《皇明九边考》称其为"九边重镇"，便于管理长城的防务和指挥调遣长城沿线的兵力。甘肃境内设有甘肃镇，辖区东南起自今兰州黄河北岸，西北至嘉峪关讨赖河一带，长约 800 千米，总兵驻甘州卫（今张掖市），城墙多由土砌筑。甘肃明长城对汉长城进行大面积的利用，在原来的汉长城遗址上重新修缮，并修筑边墙、墩台和堑壕等。因此，明长城的分布走向与河西汉长城大体一致，主要修筑两道边墙，一道是南边墙（旧边），另一道是北边墙（新边），同时还存有多条长城支线。

　　甘肃镇明长城的大规模修筑主要集中在嘉靖、隆庆和万历年间。嘉靖二十六年至二十七年（1547—1548），巡抚杨博主持了甘肃长城的三段大规模增建工程。隆庆五年（1571），廖逢节主持数段重建工程，重点是修复城垣，重挖堑壕，补砌排水道。万历二十六年（1598），三边总督李汶筑松山"新边"，是明后期修筑长城的最大工程。甘肃镇地形较复杂，山地、河谷、沙漠、戈壁、高原等交错分布，长城的构筑类型有土墙、石墙、壕堑、山险墙、山险、水险等。甘肃镇长城遗迹现在虽经风沙剥蚀堆埋，但仍大段保持连贯的墙体，其中瓜州县、山丹县等分布居多，在山丹境内还保存着一段两条间距十余米的平行墙体，现存敌台、烽火台等1519座，关堡84座，沿线还发现有驿站、路墩、生活遗址、摩崖石刻等大量长城文化遗存。

　　嘉峪关是明代甘肃的一个军事重镇，位于今嘉峪关市峪泉镇嘉峪关村一组西。它是明长城最西端的关口，在长城沿线具有重要的战略位置，也是"丝绸之路"的交通要塞。关于嘉峪关的历史记载，在《秦边纪略》中讲道："初有水而后置关，有关而后建楼，有楼而后筑长城，长城筑而后可守也。"嘉峪关位于河西走廊的狭窄处，地势险要，进攻、防守二者兼备，关城和两翼的10千米长的城墙形成了完整而严密的防御体系，内部结构严密，利用地理条件作天然屏障。相传清代林则徐因禁烟获罪，被贬入新疆，路经嘉峪关时有诗赞道："严关百尺界天西，万里征人驻马蹄。飞阁遥连秦树直,缭垣斜压陇云低。天山巉削摩肩立,瀚海苍茫入望迷。谁道崤函千古险,回看只见一丸泥。"又云:"除是卢龙山海险,东南谁比此关雄。"可见,嘉峪关地势环境优越,确实为"天下第一雄关"。(图4)

关城坐东向西,平面呈梯形,周长约1107米,面积约为84554平方米,由内城、瓮城、罗城、外城和城壕五部分组成。内城是关城的主体和中心,平面呈梯形,墙高9米,外侧上建1.7米高的垛墙,内侧建0.9米高的女墙。城墙6米以下由黄土夯筑,为最初冯胜监筑。随后正德元年(1506),李端澄在其上增筑加高,6米以上两侧砌筑土坯,中间填以沙土,整个墙体底宽6.6米,顶宽2米,收分明显。黄土内城设有东、西二门,其上分别建有光化楼、柔远楼,东西对峙,与关楼遥相呼应,皆为三层三檐歇山顶式高楼。城四隅建有砖砌角楼,南北城墙中部各建有敌楼一座。城内还分布有游击将军府、官井、嘉峪公馆、营武房、夷厂、仓库等。嘉峪关关城是现在保存较完好的明长城关隘之一,具有重要的防御作用和历史价值,加之地处祁连山麓,形成了兼具优美塞外风光和厚重人文内涵的西部独特风景。

关于嘉峪关的修建过程有"定城砖""冰道运石""山羊驮砖""击石燕鸣"等传说故事,显示了筑城工匠高超的建筑技术和智慧。"定城砖",指放置在嘉峪关西瓮城门楼后檐台上的一块砖。相传明正德年间,一位名叫易开占的修关工匠,与监督修关的监事官打赌,精确算出了嘉峪关用砖数量,最后剩余一块砖,将其放置在西瓮城门楼后檐台上。监事官发觉后正想借此克扣易开占和众工匠的工钱,哪知易开占不慌不忙地说:"那块砖是神仙所放,是定城砖,如果搬动,城楼便会塌掉。"监事官一听,不敢再追究。这块砖就一直放在原地,至今仍保留在嘉峪关城楼之上。"冰道运石"的故事是工匠在无法运输石料而一筹莫展时，突获上天提示，利用冬天泼水形成冰道而顺利运石，众工匠为了感谢上苍的护佑，在关城附近修建庙宇，供奉神位，之后工匠出师后必会前去参拜。

三、"丝绸之路"上的文化交融

历史上，河西地区具有狭长的地理特征，是"丝绸之路"的咽喉要道，也是汉族与西域各民族进行经济、文化交流的主要通道，中西方文化在此交融发展。季羡林曾评价："世界上历史悠久、地域广阔、自成体系、影响深远的文化体系只有四个：中国、印度、希腊、伊斯兰，再没有第五个。而这四个文化体系汇流的地方只有一个，就是中国的敦煌和新疆地区，再没有第二个。"[1]河西走廊是佛教东传的要道，留存了武威天梯山石窟、张掖马蹄寺石窟、瓜州榆林窟、敦煌莫高窟等大量石窟群建筑，艺术成就很高。此外，河西走廊还拥有简牍、彩陶、壁画、岩画、雕塑、古城遗址等丰富的文化遗产，具有鲜明的地域文化特色，文物价值突出。

汉武帝时，张骞出使西域，对于"丝绸之路"的开通，有"凿空"之功。汉武帝在河西建立了四郡，打通了中原与西域的交通，加强了对河西地区的控制，也奠定了河西地区地缘政治结构的基础。汉代河西走廊既修筑长城防御匈奴侵扰，又在长城内侧移民实边，增开屯田，推广农业生产技术。中原地区的牛耕，犁、锄、铲、镢等铁质农具，以及辨土施肥、田间管理、轮作等技术都引进到河西，手工业、商业以及农业等都有了很大的发展。

汉代河西地区主要有北、中、南三条驿道，是进行经济贸易、文化交流的主要通道。"丝绸之路"主要就是通过这些连续分布的驿站，经

图 4　嘉峪关关城（杨东摄）

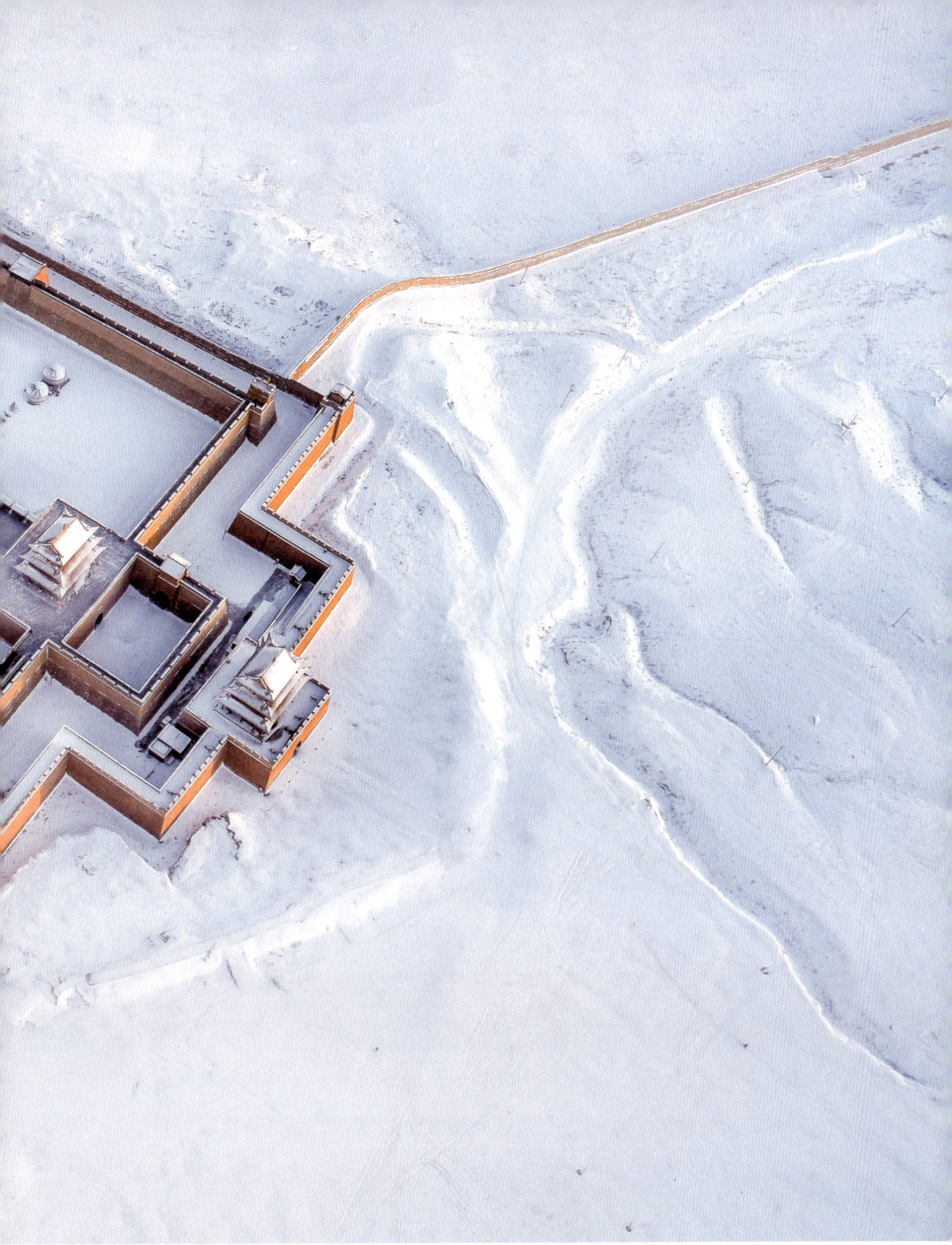

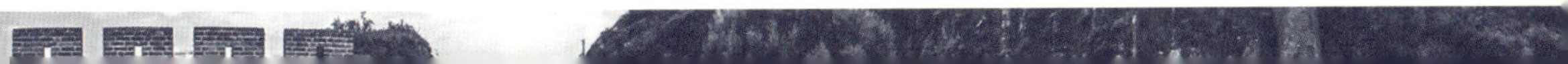

由驿道系统进行发展的。河西汉塞的营建与走向，与驿道路线有着密切关系。塞防的走向多面对匈奴，位于驿道的东侧或北侧。塞防的建设保障了驿道的畅通。此外，还大量修筑烽燧亭障，在重要地点设置关城，稽查行旅，在一定程度上保障了交通安全，也促进了商贸的发展。从居延汉简提供的材料看，当地烽燧等许多防卫建筑确实靠近交通要道。简文中可见"道上亭驿□""县索关门外道上燧""临道亭长"等字样。有些地段塞防和驿道是合二为一的，用于戍守瞭望的烽燧也是邮驿。至此，河西地区逐渐繁荣起来，军旅往来不断，客商源源不绝。

随着长城的建筑、战争的平息、生产的发展，"交换"的需要应运而生，长城沿线逐渐出现关市贸易。《史记·匈奴列传》提到，汉武帝即位时，"明和亲约束，厚遇，通关市，饶给之。匈奴自单于以下皆亲汉，往来长城下"；而进入战争状态之后，"匈奴绝和亲，攻当路塞，往往入盗于汉边，不可胜数。然匈奴贪，尚乐关市，嗜汉财物，汉亦尚关市不绝以中之"。东汉明帝永平七年（64），北匈奴"欲合市，遣使求和亲，显宗冀其交通，不复为寇，乃许之"（《后汉书·南匈奴列传》）。《后汉书·孔奋传》中提到武威郡的郡治姑臧，"通货羌、胡，市日四合"，即一天之内举行四场集市。由此可见，关市贸易很繁盛，对长城内外经济发展、促进民族交流都具有积极的意义。这种关市贸易的有效运转，是通过长城交通组织上的"当路塞"来进行的。匈奴与汉族贸易，可以利用自身富于机动性的交通优势获取更大利益，并通过与西域各民族以及希腊等西方各族人民发生交换，促使了"丝绸之路"上的物资流通，促进了中西方文化的交流。

公元前60年，西汉设立西域都护府，"丝绸之路"由西域都护府通过河西走廊而到中原，基本奠定了中西方文化交融的格局。当中西方交通开通后，西域商人纷纷涌入河西地区。据《后汉书·西域传》记载，"汉世张骞怀致远之略，班超奋封侯之志，终能立功西遐，羁服外域"，于是形成了"商胡贩客，日款于塞下"的局面。

长城设立的关口作为交通要道，也成为文化交流的主要通道。关是汉代边防设施的重要组成部分。敦煌郡设有玉门关、阳关，是中原通往西域的主要关口；张掖郡设有肩水金关、居延悬索关，是河西通往蒙古高原的主要关口之一。玉门关，是"丝绸之路"北路必经的关隘，现存的城垣完整，总体呈方形，东西长约24米，南北宽约26.4米，残垣高约9.7米，全为黄胶土筑成，面积约为633平方米，西墙、北墙各开一门，城北坡下有东西大车道，是历史上中原和西域诸国来往及邮驿之路。其实，汉代的关隘多置于驿道上。汉塞由东向西延伸，敦煌往西域的北道沿汉塞内侧西行，玉门关址并非建在塞垣上，而是建于大道所经的高地上，更有利于交通和贸易的发展。（图5）

除了贸易交流，使者进贡也成为文化交流的重要方式。元明以前，西域使者进贡都经过玉门关、阳关，随着明代修筑嘉峪关，玉门关逐渐被废止。嘉峪关成为从哈密入河西走廊、西域贡使前往明代中原地区唯一的法定路线。嘉峪关外从嘉峪关到哈密卫分布有七个卫所，保护着关外丝路的安全。因为待遇丰厚，西域中亚各地往往使团人数众多，常有数十甚至数百人，以至于明成化九年（1473），宪宗下旨"每十人内，许一人来贡"（《后汉书·西域传》），其余人员原地留守等待。清嘉庆年间，新疆各地相继建立朝贡贸易点，嘉峪关失去了以往统筹控制朝贡贸易的作用，转而向日益增多的往来商旅征收关税，逐渐成为控制贸

图 5　阳关（方忠诚摄）

易的主要关卡，嘉峪关边外近边地区成为互市贸易的重要场所。晚清时期，随着中俄《伊犁条约》的签订，清朝准许俄商赴嘉峪关贸易，嘉峪关遂成为"丝绸之路"上的通商口岸，清朝官方在此征税，嘉峪关成为清人的"洋关"。

在河西长城附近往往也建有各种邮驿，在各种文化影响下形成丰富物质文化遗存。比如悬泉置遗址，自汉代以来为酒泉至敦煌的必经之地，各级官员、西域的使者和商人等均需经过此地，故汉、晋、唐、清各代，均在此或附近置有邮驿。经考古发掘，汉悬泉置遗址，由坞、传舍、厩、

图 6　悬泉置遗址（方忠诚摄）

仓等部分组成。坞近正方形，边长约 50 米，面积约为 2300 平方米。坞内的传舍分为上、中、下三等，形制规整，设备齐全。坞内东北角房屋出土墙壁题记，内容涉及诏书、药方等，尤其是西汉平帝元始五年（5）的《使者和中所督察诏书四时月令五十条》，以墨线界栏，直行隶体，保存比较完整，是极难得的珍品。遗址前后历经五期，经过多次整修和改建，延续近 400 年。遗址出土汉代简牍 35000 余枚，出土有字麻纸、

帛书、印章、笔砚、生产工具、马具、车具、箭镞、生活用具、丝麻织品残片，以及大量大麦、小麦、青稞等粮食、饲料等6000余件文物。(图6)

甘肃境内长城，建筑类型繁多，文化内涵丰富，不仅构筑了整体军事防御体系，也对保障河西走廊驿路商道畅通、农业生产发展，以及西北地区的政治稳定、文化交融与"丝绸之路"的开拓，发挥了极其重要的作用，有重大历史意义。随着河西长城的修建，中原文化的影响也循着这条通道往西方扩展，同时外来文化也由此传播到中原地区，促进了文化的交流与融合。当前，甘肃境内的三代长城作为整个长城历史的一部分，对于研究长城的文化价值，建立和完善长城国家文化公园，发展当地旅游业，弘扬中华优秀传统文化，都起到了积极的作用。

本 篇 注 释

[1] 季羡林：《敦煌学、吐鲁番学在中国文化史上的地位和作用》，《红旗》1986年第3期。

钢铁长城与守卫家国：
河北长城防御体系下的"长城抗战"文化考察记

赵玉春 | 中国艺术研究院建筑与公共艺术研究所

1933年3月至5月，国民革命军在长城河北（包括北京）段的东、北两个方向抗击日本关东军的疯狂进攻，史称"长城抗战"。虽然这场战役以中国军队战败而被迫与日军签订《塘沽停战协定》告终，但"长城抗战"发生在抗日战争的早期阶段，让全世界看到了中华民族抵御外侮的坚强决心和钢铁意志。"长城抗战"是一场关乎民族生存与民族尊严的战役，是中国抗日战争的重要组成部分。"长城抗战"鼓舞了全国抗日救亡运动的信心，激发了全民参与抗日救亡运动的热情，也是自"一·二八事变"以来再一次吹响的全民抗战号角。

一、河北长城防御体系的建立

早在春秋战国时期，在今河北省地区主要有燕国、赵国和中山国。燕国位于今辽东地区和河北省北部，都城在蓟（今北京市），后建下都于武阳（今河北省易县）；赵国位于今河北省的南部和中部、西北部的部分地区，都城在邯郸；中山国位于今河北省正定县、定州市、灵寿县和平山县一带，都城在顾（今河北省定州市），后迁至灵寿。秦始皇统一中国后，将燕、赵、秦北部边界修建的长城连接起来并加以扩展，形成了一道东起辽东鸭绿江畔、西至甘肃临洮的长城。这道长城在今河北省段，行经承德市的丰宁、围场和张家口市的赤城、沽源、崇礼、张北、万全、尚义、怀安等区、县，均位于河北省北部。

从地形上来看，包括京津冀地区的地势是西北高、东南低，西北部为山区、丘陵和高原，其间还分布有盆地和谷地，中部和东南部为广阔的平原。境内主要的山脉与河流对境内西、北、东三个方向的战略地形有着重要影响，形成了多处险要关隘，为古代历朝抵御北方游牧民族入侵的军事重地。河北地区的山脉有西部的太行山山脉、西北部的阴山余脉、北部的燕山山脉，流向东北和西南方向的河流有滦河、桑干河、拒马河、滹沱河等水系。因此，太行山是该区域的西部屏障，燕山是该区域的北部屏障。在西部和西北方向上，太行山主脉与该区域平行展开，由几条山谷交通孔道联系内外。因此，由该区域通向山西以至内蒙古的道路主要经过"太行八陉"，即从北至南为军都陉（居庸关关沟，可从北京经河北怀来、宣化至山西大同）、蒲阴陉（拒马河上游的河谷，可从河北易县过紫荆关至涞源与飞狐陉衔接，再至山西灵丘等地）、飞狐陉（位于河北涞源之北、蔚县之南，长50余千米，可至山西灵丘等地）、井陉（可从河北井陉至山西盂县等地）、滏口陉（可从河北邯郸至山西长治等地）、白陉（位于河南辉县的太行山南关山至山西陵川马圪当大峡谷之间，长100余千米）、太行陉（位于河南焦作的沁阳至山西晋城泽州之间，长100余千米）、轵关陉（位于河南济源东的轵城至山西南端的垣曲之间）。（图1）

在东部至西北部方向上，河北是华北通向东北地区的陆上必经之路，

图 1　紫荆关（杨东摄）

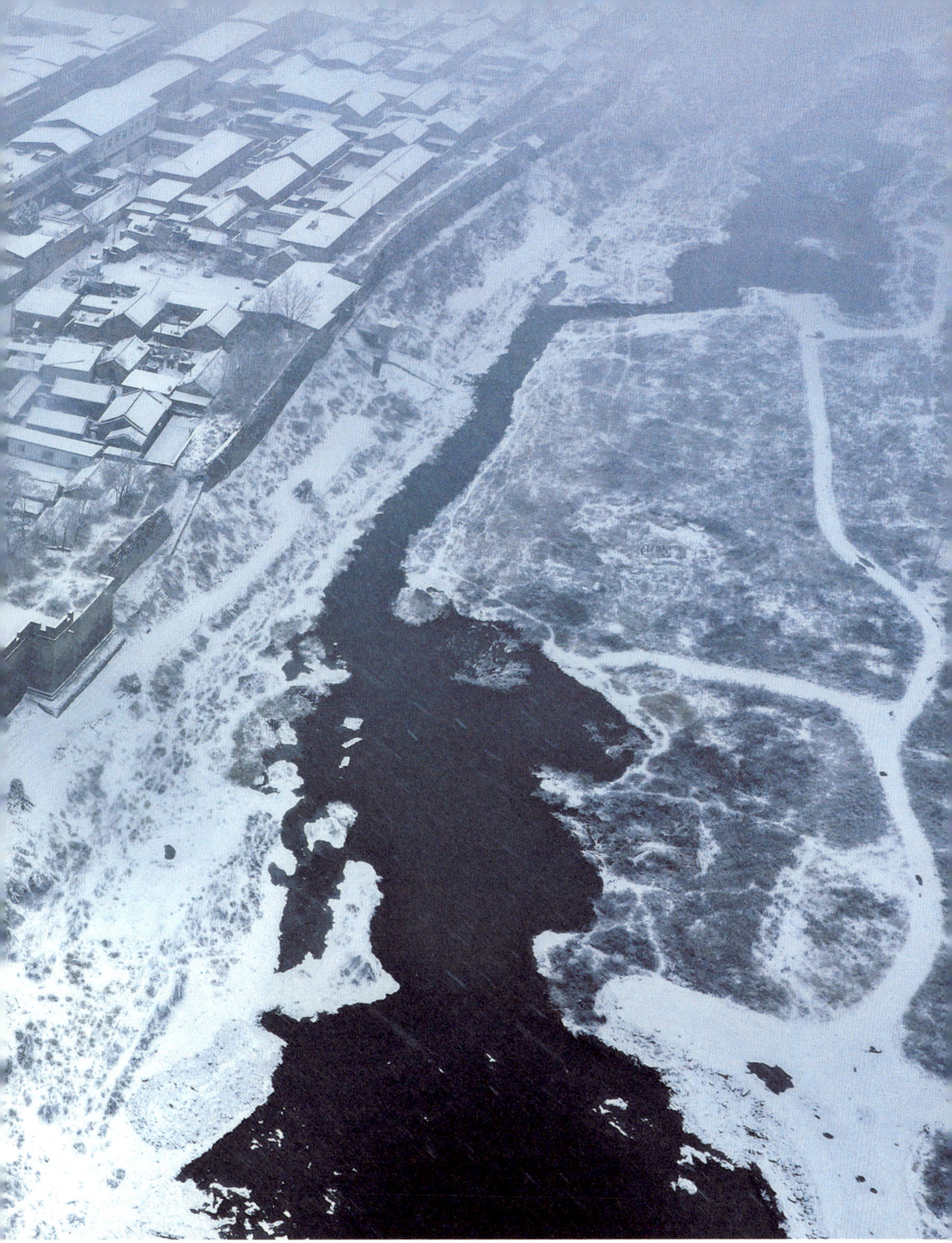

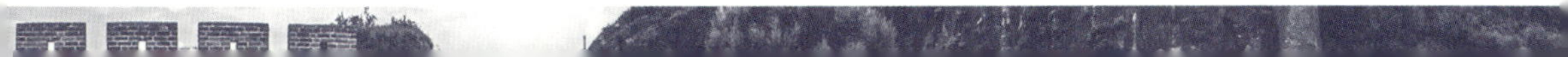

主要道路必须经过居庸关、古北口、喜峰口（卢龙塞）、山海关：西北出居庸关，经今内蒙古赤峰入通辽再入东北境。东北出古北口，经今河北承德入辽宁朝阳。东出喜峰口，有经今天津蓟州、河北遵化入河北宽城西南松亭关的"龙塞北路"（北可至河北平泉）；有经今天津蓟州，河北玉田、卢龙，然后北至宽城西南松亭关的"龙塞南路"。这些道路要经过燕山腹地或太行山余脉，路险难行。东出古渝关经山海关（古渝关东约30千米处）的大道最为方便。山海关防御设施有关城，东、西罗城，南、北翼城，威远城，宁海城七大城堡，其枕山襟海，地势险要，扼辽、冀咽喉。但过了山海关便是依山傍海（西依松岭山、东临辽东湾）、可至辽宁省锦州市的"辽西走廊"，辽西走廊长约185千米，宽8—15千米。因此，明朝时期为了加强这条易通走廊的防御，在洪武十四年（1381）设山海卫、建山海关之后，又于正统七年（1442）开始修建长城，并从西至东建立广宁中前所（绥中前所）、广宁前屯卫（绥中前卫）、广宁中后所（绥中）、宁远中右所（兴城沙后所）、宁远卫（兴城）、连山驿（连山）、宁远中左所（连山塔山）、杏山驿（锦县杏山）、广宁中屯所（锦县松山）、广宁中左屯卫（锦州），也就使"辽西走廊"成为名副其实的交通要道，商贸兴旺，住户日增。历史上著名的明清之间的"宁（兴城）锦之战""松（山）锦之战"，以及解放战争时期"辽沈战役"等主要战斗，均发生在此辽西走廊之中。（图2—图5）

  由于北京是明朝的首都，所以明朝时期河北地区的长城防御体系设施是以北京为核心展开的，补充修建了河北省东部外长城和内长城，使得这一防御体系设施具有了多层次特点。河北段外长城东起今秦皇岛市山海关老龙头，西至河北省张家口市怀安县，从马市口村进入山西省天

图 2　山海关老龙头（杨东摄）

镇县界。内长城东起今北京市怀柔区慕田峪，经八达岭后进入河北省怀来县，复入北京市门头沟区，然后再进入河北省涿鹿县、涞源县，由七亩地村进入山西省灵丘县境，在十三陵外还构筑了多道长城。

明朝以长城为依托的防御体系区划是以"镇"作为组织中心承担防御责任的。蓟镇和宣府镇直接面对从东北至西北方向的防御，同时与大同镇协防，共同构成第一道防线的组织中心。昌镇和真保镇构成第二道防线的组织中心。

蓟镇位于河北东部，所辖范围东自山海关接辽东镇，西至慕田峪昌镇接内长城，延绵880余千米。镇治所初在寺子峪（今河北省唐山市迁西县旧营附近），后迁至迁西县三屯营。下设十二"协路"，自南至北为山海路、石门路、台头路、燕河路、太平路、喜峰口路、松棚路、马兰路、墙子路、曹家路、古北路、石塘岭路。长城及军事聚落分布于今秦皇岛市的山海关区、抚宁区、卢龙县、青龙满族自治县，唐山市的迁

图3　山海关三道关（杨东摄）

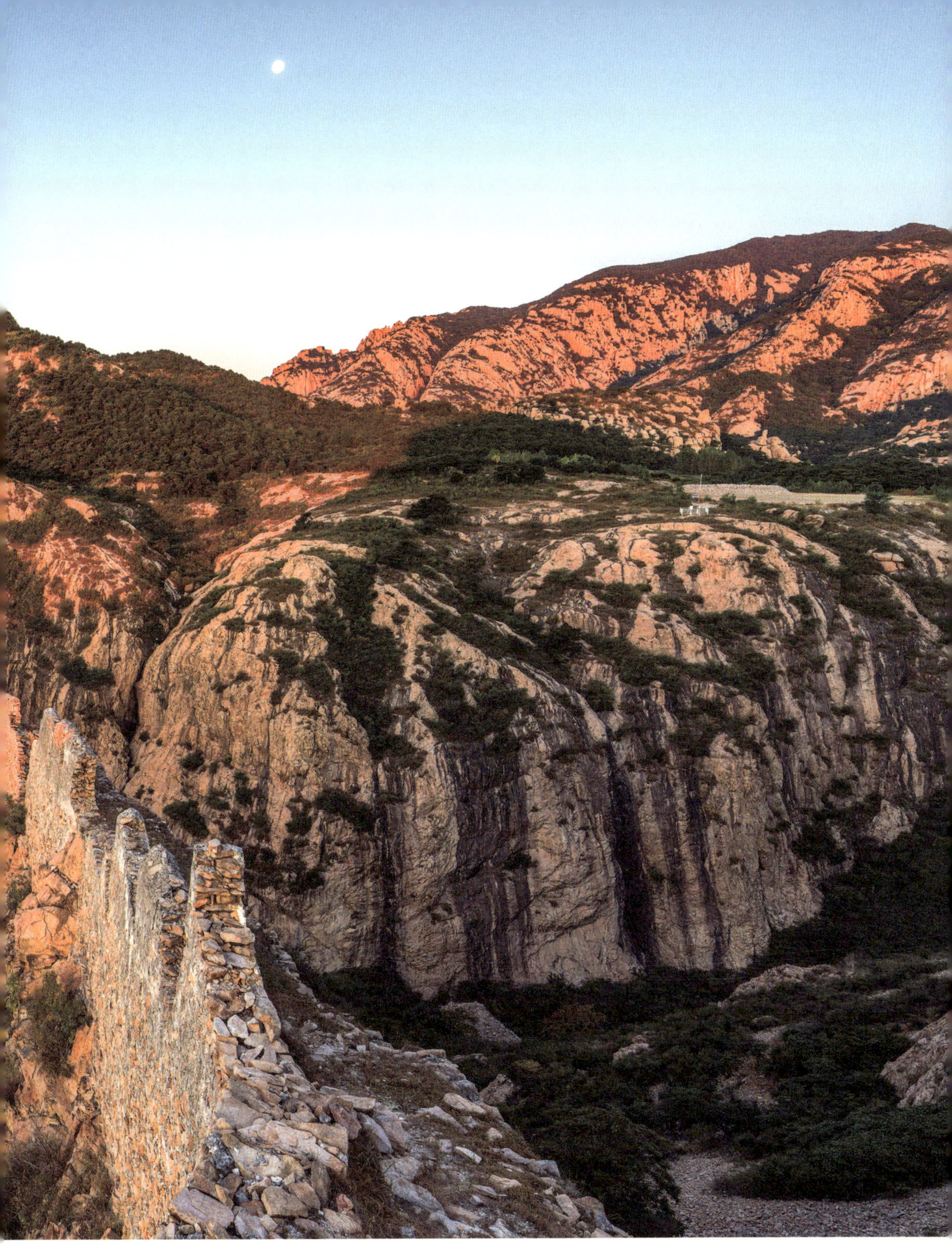

图4 喜峰口（余毅楠摄）

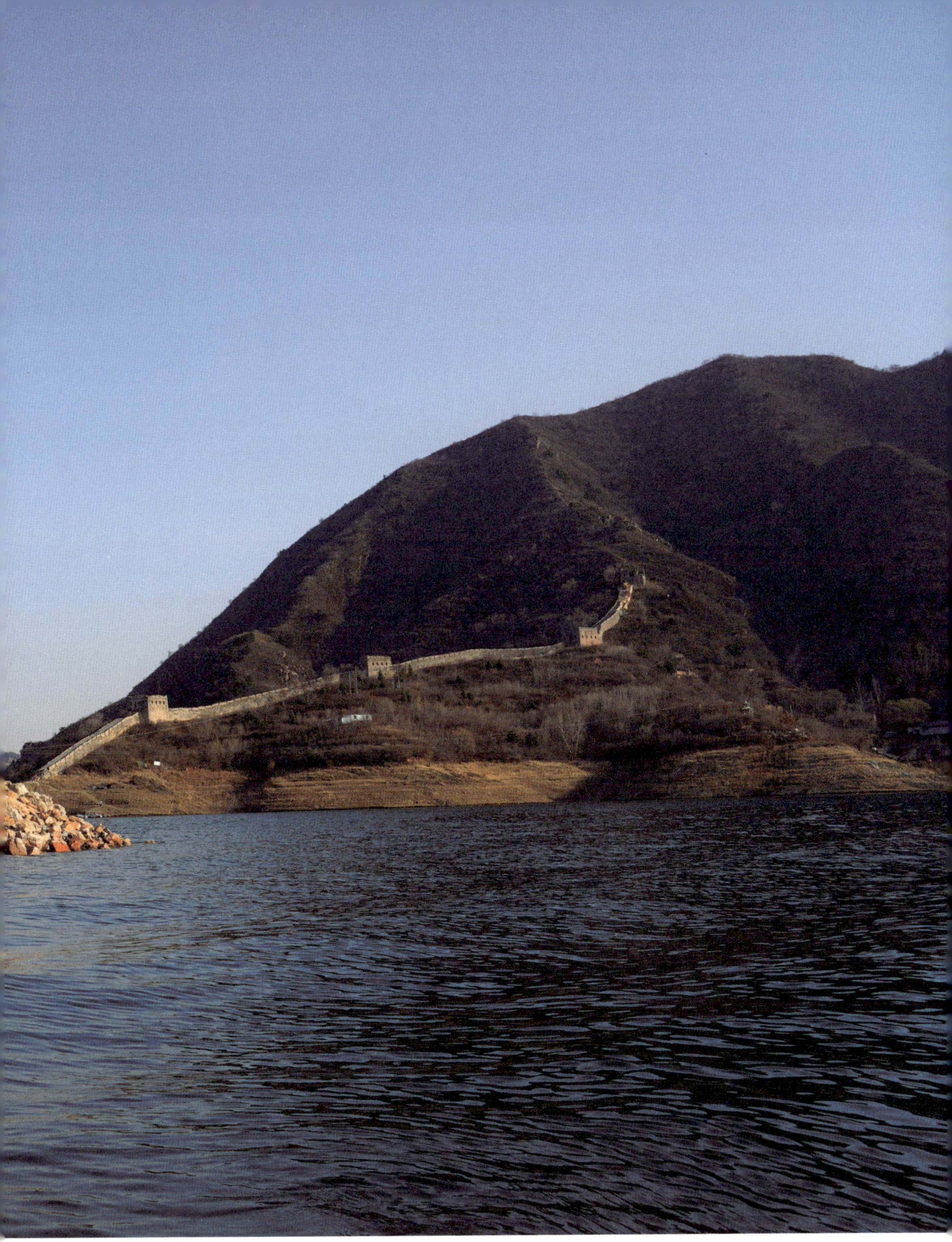

图5　喜峰口（余毅楠摄）

安市、迁西县、遵化市，承德市的宽城满族自治县、兴隆县、滦平县，天津市的蓟州区，北京市的平谷区、密云区、怀柔区等地。在明朝中后期，又把山海路、石门路、台头路、燕河路独立出来，组成山海镇。

宣府镇主要位于河北西北部，东接昌镇，西接真保镇，长城延绵500余千米。镇治所在今张家口市宣化区。在明嘉靖年后下设南山路、东路、上北路、下北路、中路、上西路、南路。长城及军事聚落分布于今张家口市的怀来县、赤城县、涿鹿县、下花园区、宣化区、桥东区、桥西区、万全区、怀安县、蔚县、阳原县，保定市的涞源县，北京市的延庆区等地。

昌镇东自慕田峪接蓟镇的石塘岭路，西至居庸关路的镇边城挂枝庵（位于今河北省怀来县）接真保镇的沿河口（位于今北京市门头沟区），长城延绵230千米。镇治所在今北京市昌平区，自东至西下设黄花路、居庸路、横岭路。长城及军事聚落分布于今北京市怀柔区、延庆区，河北省张家口市的怀来县。（图6、图7）

真保镇主要位于河北西部，北接宣府镇，长城延绵约390千米，主要扼守由山西、河南进入河北与北京的陆路和水路，基本囊括了"太行八陉"中的大部分要道。镇治所位于今河北省保定市。自北至南下设马水口路、紫荆关路、倒马关路、龙泉关路、故关路。长城及军事聚落分布于今北京市门头沟区，河北省的涿鹿县、涞水县、涞源县、易县、唐县、阜平县、平山县、井陉县、元氏县、赞皇县、内丘县、邢台市、沙河市、武安市，山西省的平定县、盂县、和顺县、左权县。

居庸关、紫荆关、倒马关被称为明长城自东北向西南的"内三关"，而山西省境内自东向西的雁门关（代县）、宁武关（宁武县）、偏头关（偏关县）被称为"外三关"。居庸关位于今北京市昌平区境内，关城所处峡谷的军都山属于太行山脉，其东北有古北口，南有南口。紫荆关位于今保定市易县西北约45千米处，所处峡谷的紫荆岭属于太行山脉。倒马关位于今保定市唐县西北约60千米处，地处太行山东麓的唐河上游谷地，但关城并未与长城相连，距长城约17.5千米，向西北行可达山西省灵丘县。

作为中国古代农耕民族防御游牧民族入侵的防御设施，河北地区的

图6、图7 北京市怀柔区长城（赵玉春摄）

长城防御体系完善于明朝时期。在1629年至1642年的13年时间里，清军曾四次突破长城防线入关，最终却都不得不败退，最重要的原因是长城防御体系最南端的、扼守东北与华北间最便利通道的山海关未能被攻下，这对清军来说始终是个巨大隐患，后路随时有被切断的可能。最终，清军利用明朝降将吴三桂首先占领了山海关，于1644年无后顾之忧地直击李自成的大顺军并攻入北京。

而发生于1933年的"长城抗战"，日本关东军来自东北方向，因此抗战的主战场涉及长城河北（包括北京）段的东部和北部，在长城沿线上从南经东至北主要涉及山海关（位于今秦皇岛市山海关区）、义院口（位于今秦皇岛市抚宁区）、界岭口（位于今秦皇岛市抚宁区）、冷口（位于今秦皇岛市卢龙县）、青山口（位于今唐山市迁西县）、喜峰口（位于今唐山市迁西县）、铁门关（位于今唐山市迁西县）、罗文峪（位于今唐山市遵化市）、古北口（位于今北京市密云区）。长城外围地区涉及今承德市、张家口市和内蒙古自治区锡林郭勒盟多伦县等地，其中多伦县也属于锡林郭勒盟连接东北和华北地区重要的交通枢纽。（图8、图9）

"长城抗战"发生在抗日战争初期，中国军队与日本军队相比，在军事技术、军事训练和动员能力等方面已经存在着巨大的差距。从军事方面来讲，虽然关东军发动战争的目的还不是直接突破长城防线占领平津，但也非常明确地首先要占领并控制山海关，以解除后顾之忧。同时，面对关东军的装备精良和训练有素，中国守军也只能据守天险关隘并顽强抵抗。而古老的长城防御体系设施在现代战争的技术条件下，虽然能够起到迟滞敌军进攻、杀伤敌军的作用，但不可能成为决定战争胜负的关键性因素。

图8、图9 冷口（余毅楠摄）

二、可歌可泣的"长城抗战"

1931年,日本关东军在我国东北发动"九一八"事变,占领了东三省地区,又于1932年3月1日在东北扶植了傀儡政权"伪满洲国"。同年,日军在上海发动了"一·二八"事变。国民政府第十九路军在总指挥蒋光鼐、军长蔡廷锴的带领下奋起抵抗。日军死伤近万人,先后四次更换主帅。至3月初,由于日军偷袭浏河登陆成功,中国军队被迫退守第二道防线。3月3日,日军司令官根据其参谋总长的电示,发表停战声明。同日,国际联盟[1]决议中日双方停战。24日,在英领署举行正式停战会议。5月5日签订了《上海停战协定》。

协定签订之后,日本国内的军事和政治形势发生了巨大变化。一批少壮派军人发动政变,杀死了首相犬养毅,组成了斋藤实新内阁,将日本政体的法西斯化推进了一步。为此,日本关东军决定立即把"圣战"指向中国的热河省。当时的热河省包括今河北省的承德地区,内蒙古自治区赤峰市、通辽市的部分地区,辽宁省的朝阳市、阜新市和葫芦岛市的建昌县等地区,首府在今承德市。热河省一旦被日本关东军全面占领,一可把"伪满洲国"的西部边界实质推至河北东部至北部长城一线,扩大占领区;二可随时进窥华北,威胁平津;三可切断关内和东北义勇军的联系,巩固日本在"伪满洲国"的统治。为此,日本开始筹划直接以军事行动夺取热河。

1932年,在热河的中国军队共有步兵4个旅、骑兵3个旅及特种部队共约1.7万人,部署在热河东朝阳、开鲁之间,以及凌源、赤峰附近和承德周围地区。在河北境内和平津地区,驻有步兵22个师2个旅,并骑兵4个师及特种部队等。

三、山海关战役

日本关东军司令官武藤信义，正副参谋长小矶国昭、冈村宁次等决心以武力占领热河，为保障其进攻部队侧后翼安全，决定先将在华北的中国军队主力牵制于冀东地区。因此，从1932年秋季开始，关东军就不断在山海关和辽宁、热河交界处制造事端。10月和12月共制造了两次"山海关事件"。

1933年1月1日23时，关东军山海关守备队在营院内投掷手榴弹并鸣枪数次，却反诬中国军队所为，并以此为借口向中方提出4项条件，主要是要求中国军队、警察及保安队撤出山海关的南关及南门，由关东军进驻。在遭到中方拒绝后，关东军于2日晨强占南关车站，并将中国警察缴械。上午9时开始攻城，被中国守军击退。当时驻守山海关的是何柱国的第57军（原东北军）9旅626团的1346人，没有任何重武器。军长何国柱下令坚决抵抗，并向全军发布《告士兵书》。关东军即向626团送来最后通牒，要求中国军队立即撤出山海关。10时，关东军第8师团一部兵力乘4辆列车，在3辆铁甲车护送下到达山海关，10分钟后便与其守备队在5架战机的支援下发起进攻，626团沉着应战，战斗至17时许，关东军受挫退去。3日晨，关东军在15架战机的轮番支援下对山海关南门展开猛烈的攻击。日本海军第2遣外舰队的舰炮也从山海关以东的海面对中国守军进行轰击。面对日军的疯狂进攻，626团奋勇抵抗，激战至14时，东南城角被日军突破，团长石世安组织反击未能奏效，第1营营长安德馨及第2、3、4、5连连长先后阵亡，2个营的官兵已伤亡殆尽。石世安不得不率余部十余人于15时从西水门向石河西岸撤退。关东军于4日攻占

五里台，10日攻占九门口，完全控制了关内外的交通要道。（图10）

2月23日，关东军分三路向热河发起进攻，至3月4日占领承德，至11日占领热河全境。此时，关东军已推进至长城沿线各关口附近：第8师团位于承德、古北口外地区，混成第14旅团位于喜峰口外及冷口地区，混成第33旅团位于界岭口外和义院口外地区，第6师团及骑兵第4旅团位于赤峰地区。至此，长城沿线的抗战全面展开，以古北口、南天门和喜峰口的战役最为激烈。

四、古北口、南天门战役

古北口是华北通往内蒙古和辽东地区的咽喉，城北山势险峻，崖壁陡立，两山紧锁潮河，河岸只有一辆车可通过的道路。关东军第8师团占领承德后，师团主力即全力向古北口外黄土梁及其以西地区进攻。在1933年3月7日至9日的战斗中，王以哲的第67军（原东北军）所属刘翰东的107师在黄土梁一带伤亡惨重，仅621团伤亡就达500余人，团长王志军负伤。该师在3月9日弹药将尽，于下午2时不得不向古北口撤退。但3天的战斗为第57军所属张廷枢的112师在古北口长城沿线的将军楼、米窝铺、二道沟之线的布防赢得了宝贵时间。自9日起，关东军步兵在炮兵和战机的支援下向112师阵地发起进攻。3月10日下午3时，关东军以一部兵力进行正面战斗侦察性进攻，数小时后撤退。11日拂晓，关东军向112师右翼的634团阵地发起进攻，团长白玉麟亲率2营上阵，官兵们不顾敌机的扫射和炮弹的密发，先后数次冲锋夺回被占领的高地。在战斗中，白玉麟被炮弹击中，不幸牺牲，随后，营长李

图10 九门口长城（杨东摄）

钢铁长城与守卫家国：河北长城防御体系下的"长城抗战"文化考察记

世芳也饮弹牺牲。战至上午10时，634团不支而退。正面的635团更是无法抵挡日军的疯狂进攻，112师全线被迫向古北口南天门方向撤退。此时，北上增援的第17军25师，已于3月10日上午抵达古北口。当112师不支而退、阵地出现缺口时，25师的73旅即刻占领古北口城南东西两侧高地，75旅则集结在黄道甸附近。（图11、图12）

关东军在攻破112师的防线后也乘胜向25师右翼包围攻击。防御该地的73旅145团因孤立突出被敌包围。师长关麟征亲自指挥75旅驰援，出古北口东关不远与敌遭遇，双方短兵相接，关麟征负伤，团长王润波牺牲，但终将敌击退。12日凌晨4时，关东军再度发起进攻，至午后3时，145团伤亡殆尽。各部也与师指挥所联络中断，形成各自为战的状态。最终，古北口被关东军占领。到下午5时，25师各部退到古北口南天门左右高地之线，其防御任务由后期到达的第17军所属黄杰的第2师接替。

关东军占领古北口城后停止了前进，双方暂时形成对峙。其间，关东军不断以小股部队对中国守军2师阵地发动攻击，均被

图11　古北口关（杨东摄）

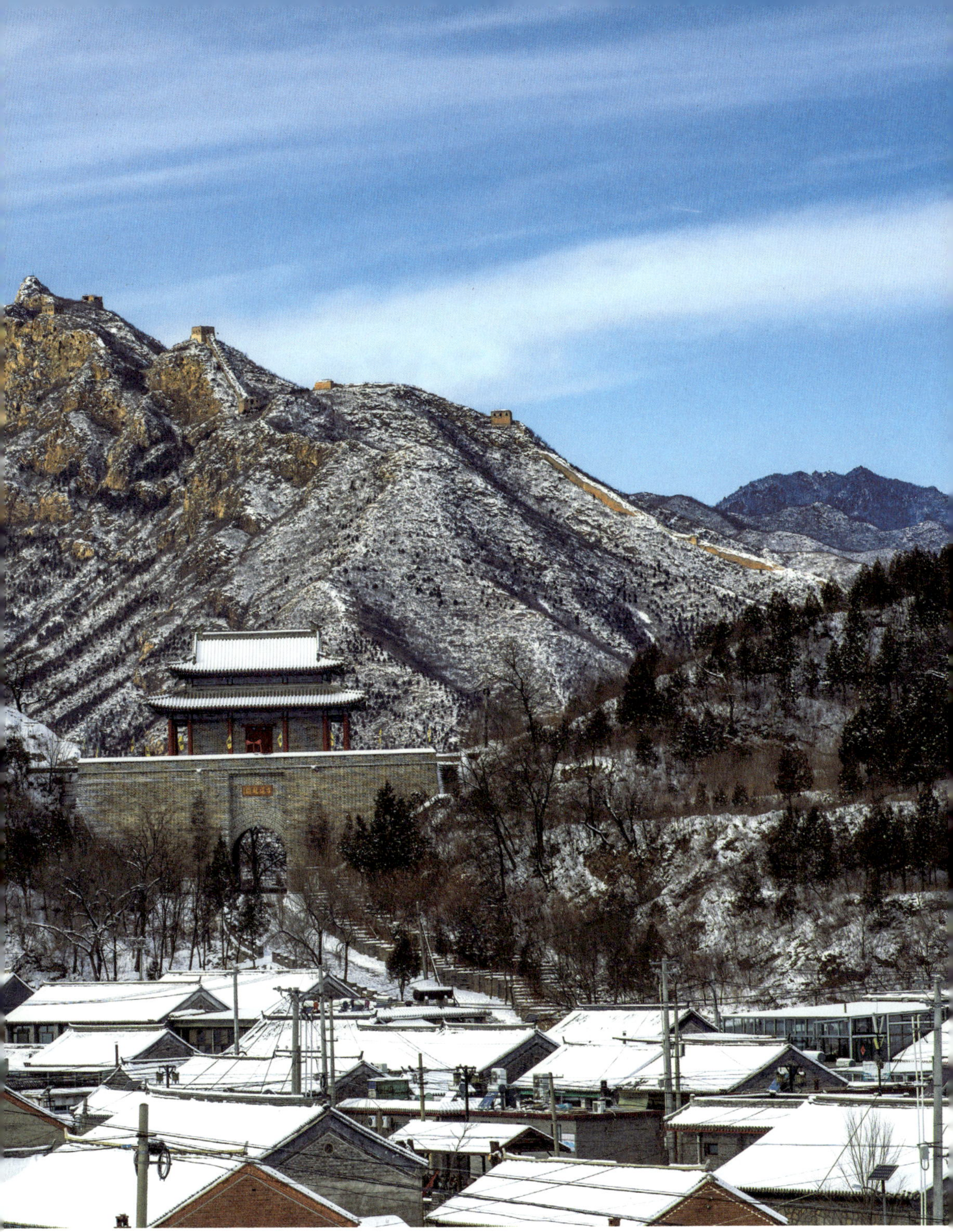

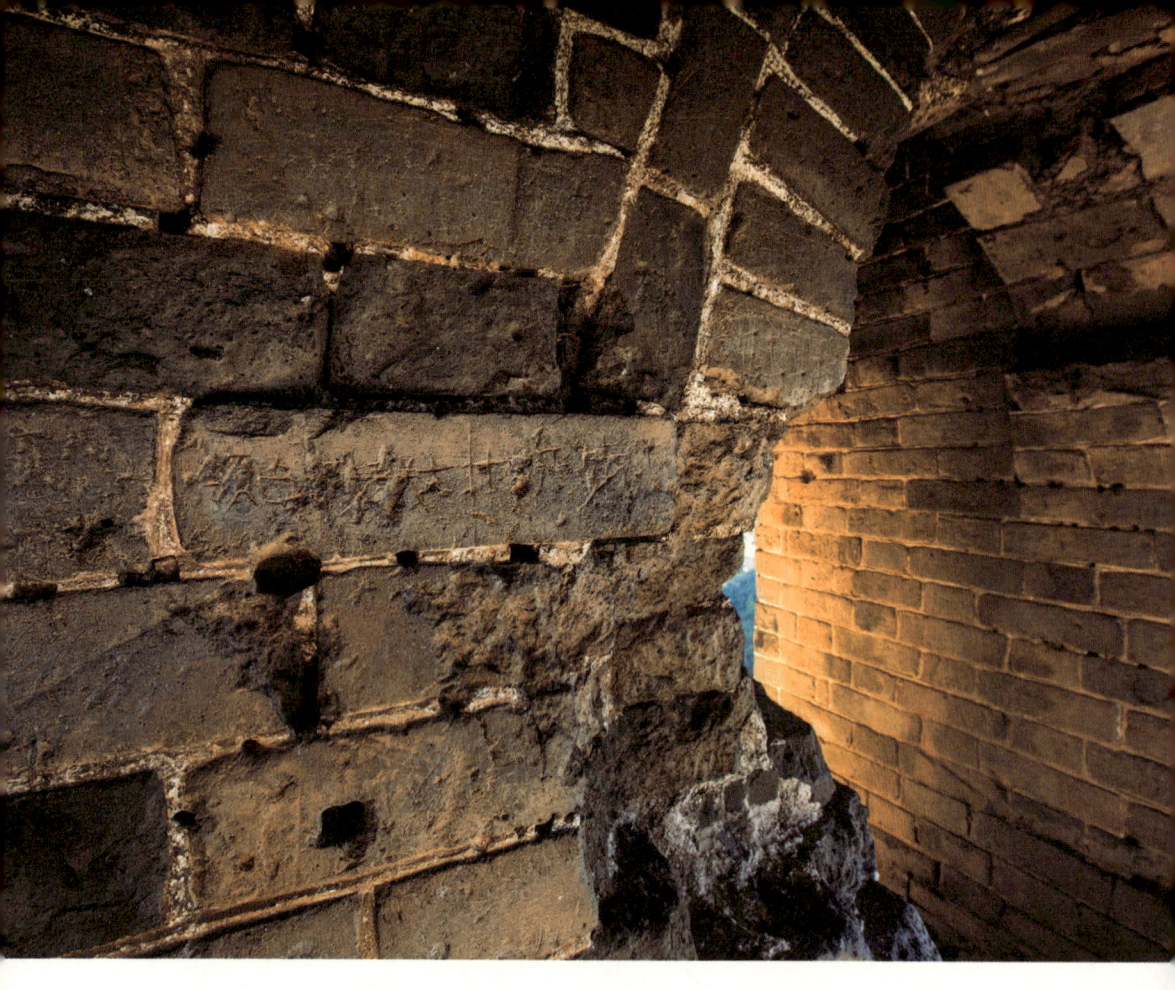

图12　古北口长城战争痕迹（杨东摄）

守军击退。2师利用战斗间隙加构阵地工事，南天门阵地右自潮河岸黄土梁起，左到长城上的八道楼子止，在正面宽约5千米的中段，以421.3高地为据点，纵深配置，并在南天门后方构筑了6道预备阵地。

4月11日，为配合冷口作战，徐庭瑶军长命令黄杰的2师、刘戡的83师各编一个大队，对敌后方古北口背面和巴克会营进行夜袭。先后组织了几十次夜袭，有效杀伤关东军并击毙第8联队联队长三宅总弥。16日之后，关东军战机即向南天门一带进行轰炸侦察，为大规模的军事进攻做准备。

20日拂晓，关东军向八道楼子2师阵地发起进攻，另一部攻击南天门两侧高地。中国守军凭借险要地形打退了敌人的进攻。当晚，日步兵第32联队第3大队偷袭南天门左翼高点八道楼子，8座碉楼全被敌人占领。

21日，黄杰师长严令罗奇的6旅反攻。该旅虽给敌以杀伤，但敌军居高临下，我军仰攻不易，死伤者甚众，终未奏效。又令4旅旅长郑洞国率领7团，并指挥6旅的11团继续反击，结果伤亡达1500人。第2师被迫于22日夜将阵地变换到田庄子、小桃园一线。

24日，关东军在飞机、大炮的掩护下向南天门中央据点421.3高地连续冲击。守军11团伤亡过重。至是日下午，黄杰师长令7团增援，才将敌人击退。至此，2师连续战斗了几昼夜，疲劳已极，虽歼敌3000人左右，自己也伤亡6000余人，乃于当日黄昏后将阵地交予83师。

25日，徐庭瑶军长命令83师防守的南天门右翼阵地交予关麟征的25师防守。2师进驻九松山一带休整，以骑兵1旅接替2师的警戒地区。

26日拂晓，关东军集中兵力向南天门中央阵地421.3高地进攻。敌炮火将该高地工事夷为平地，而后步兵在坦克车掩护下发起攻击。守军虽奋勇作战，但因兵力、火力悬殊，83师激战数日，阵地全毁，作战失去依托，于28日晚撤往南天门以南600米的预备阵地……

五、喜峰口等地战役

喜峰口为华北东部长城上的一个重要关口，其左为潘家口，临滦河扼长城，其右为铁门关、董家口。关东军混成第14旅团一部于3月9日到达喜峰口外后，立即向防守该地的万福麟部进攻。守军一触即溃，关东军占领第一道关口。当日，宋哲元的第29军（原西北军）37师所属赵登禹的109旅增援到达并立即投入战斗，109旅迅速占领喜峰口及董家口、铁门关、潘家口各要点。此时喜峰口东北制高点已被关东军占领，旅长赵登禹急派王长海的217团反攻，双方激战数小时，肉搏数次，中国军队将制高点夺回。

3月10日，关东军在炮火掩护下向喜峰口及其两翼阵地猛攻。赵登禹旅与前来增援的张自忠的38师所属佟泽光的113旅英勇抵抗，但因中国守军装备差，虽给日军以杀伤，自己损失亦极大。此时第29军主力已进抵遵化城，为争取主动，军长宋哲元决定进行夜袭。其行动计划为：109旅旅长赵登禹率特务营及王长海的217团、董升堂的224团、童瑾荣的218团的一个营、戴守义的220团的手枪队出潘家口，绕攻敌右侧背；113旅旅长佟泽光率226团、218团一部出铁门关，绕攻敌人左侧背；110旅旅长王治邦率219团、218团和220团的余部与特种兵共守本阵地，相机出击，以为牵制。

11日夜，赵登禹旅夜袭队出潘家口，王长海团长率一个营加一个连于12日凌晨分两路向蔡家峪、小喜峰口等处日军发起进攻。夜袭队手持大刀，奋勇冲杀，很多关东军在梦中已身首异处。至4时，夜袭队与敌肉搏10余次，接连攻占小喜峰口、蔡家峪、西堡子、后杖子、黑山嘴等10余处敌据点，趁势破坏了敌装甲车、大炮、给养车、弹药车等，缴获机枪20余挺等战利品，摧毁了驻白台子的敌指挥所及炮兵阵地，毙伤关东军五六百人。

佟泽光旅夜袭队出铁门关，连歼跑岭庄、关王台之敌，在白台子与王长海团会合，而后南攻喜峰口东北高地之敌。担任正面防守的王治邦旅在夜袭队攻击的同时跃出阵地攻击当面关东军。但由于所处地形在敌瞰制之下，守敌负隅顽抗、死守待援，加之冰雪坚滑，中国官兵攀攻不易，未获夹攻之效。激战到下午3时，夜袭队和正面攻击部队方撤回。

另在罗文峪、山楂峪、沙坡峪、于家峪、马道沟、南场、龙井关、马兰关、古山子、三岔口、快活林、冷口、白梨山、樱桃园、界岭口、义院口等地，中日双方均有攻防的战斗。特别是第29军所属的刘汝明暂编2师、冯治安的37师所属刘景山的219团、张自忠的38师所属祁光远的228团等，在喜峰口西南50千米处的罗文峪（喜峰口侧后），以及山楂峪、沙坡峪、于家峪、马道沟、南场、古山子、三岔口、快活林等地的军事行动，将古山子、三岔口、快活林、马道沟附近之敌全部肃清，部队向长城以外推进10余千米，沉重地打击了关东军的气焰。

六、《塘沽停战协定》的签订

至4月11日，关东军攻占冷口、建昌营和迁安后，滦河以东中国守军的侧背受到威胁。为避免腹背受敌，宋哲元的第29军、商震的第32军、何柱国的第57军和万福麟的第53军只得撤到滦河西岸，沿滦河布防。关东军第6师团展开追击，先后攻占滦东的卢龙、抚宁、昌黎等各县。至此滦河以东、长城沿线全部被关东军占领。

至4月底，关东军以两个师团和一个混成旅团守备从古北口到山海关400千米的长城线，兵力显然不足。而参战的中国军队已坚持了三个月，人员和弹药的消耗都很大，战斗力下降。为了彻底瓦解中国守军的作战意志，日本陆军省与小矶国昭制订了"以迫和为主"的作战计划。武藤信义遂于5月3日下达作战命令，"决续予敌以铁锤的打击，以挫其挑战的意志"。为此，将驻扎在黑龙江的第14师团之28旅团调至长城一线。5月7日，关东军在西起古北口、东至山海关的长城全线，向中国守军发动了开战以来规模最大的进攻。5月30日，北平军分会中将总参议熊斌等与日本关东军副参谋长陆军少将冈村宁次等在塘沽谈判停战条件。5月31日上午11时10分，双方签订了《塘沽停战协定》。

七、"长城抗战"的历史意义

长城是中国古代农耕民族防御游牧民族入侵的防御体系设施，河北地区的长城防御体系设施完善于明朝时期，但在明朝覆灭之前的从1629年至1642年的13年时间里，清军曾四次突破长城防线：1629年，皇太极率大军突破长城龙井关（今位于迁西县龙井关村）、大安口（今位于遵化市西下营乡大安口村）、洪山口（今位于遵化市城东北约二十五公里）等关口，攻克遵化、三河、顺义、通州，兵临京师城下；1636年，皇太极派阿济格、阿巴泰统兵从居庸关突破长城防线；1638年，皇太极派多尔衮、豪格、阿巴泰、杜度等人统军兵分两路，左路从青山关（迁西县北部，距县城40公里）关口以西破坏城墙攻入。右路从古北口（今北京密云区东北部古北口镇）、黑峪关（今北京密云区新城子镇花园村境内）、墙子岭（今北京密云区县城东80里）、将军石（今北京平谷区县城关镇东北）分四路攻入；1642年皇太极派阿巴泰、图尔格等统军兵分两路，左路军从界岭口（今秦皇岛市抚宁县城北37公里处）毁边墙攻入，右路军自黄崖口（今北京密云东北大黄崖口）攻入。清军上述四次突破长城防线入关，最终都不得不退出返回。

　　长城抗战虽然最终是以中国军队战败而被迫与日军签订《塘沽停战协定》而告终。但长城抗战是一场关乎民族生存与民族尊严的战役，是中国抗日战争的重要组成部分；长城抗战发生在抗日战争的早期，让国际社会包括日本侵略者再一次看到了中华民族抵御外侮的坚强意志；长城抗战是自"九一八"事变以来，中国军队在华北进行的第一次大规模的抗击日本侵略者的战役，直接延缓了日本侵略华北乃至中国的进程；在长城抗战期间，处于弱势的中国军队敢于与远比自己强大的对手拼搏。特别是在喜峰口战役中，接替防线的赵登禹旅在敌军已经占领高山阵地，自己没有掩体工事、没有重火力支援与掩护的情况下，仍冒着枪林弹雨，挥刀上阵，并最终夺回了阵地、收回了喜峰口。这是中国军队自"九一八"事变以来，对日作战取得的唯一一次重大胜利，打破了日军不可战胜的神话，显示了中国军队抵御外侮的决心与能力，堪称抗日战争以弱胜强的经典战例；田汉和聂耳以中国军队在长城抗战中的英雄事迹为灵感，为电影《风云儿女》创作的主题歌《义勇军进行曲》，成为抗日战争的主题歌和精神支柱，并在之后成为中华人民共和国的国歌；在长城抗战期间，参战的中国军队中有中央军和原西北军、东北军、晋军、晋绥军以及义勇军等。由于历史原因，他们之间也曾有过摩擦甚至是战争，但当国家受到外国军队的侵略、中华民族面临危亡之际，他们能够抛弃前嫌，团结一致，兄弟阋于墙，外御其侮。为中华民族全民抗战树立了光辉的榜样；长城抗战鼓舞了全国抗日救亡运动的信心，激发了全民参与抗日救亡运动的热情，也是自"一·二八"事变以来再一次吹响了全民抗战的号角；面对现代战争，作为古代防御体系设施的长城虽然并非牢不可破，但长城抗战的英雄事迹，在全体中国人的心中又筑起了一道抵御外侮的"血肉长城"。

本 篇 注 释
---

[1] 国际联盟（League of Nations）是《凡尔赛和约》签订后组成的国际组织，成立于1920年1月10日，解散于1946年4月18日。

山海长城与传承赓续：
冀东辽西长城文化考察记

田林 | 中国艺术研究院建筑与公共艺术研究所

长城是中华民族的精神象征，是中国乃至世界范围内现存体量最大、分布最广的文化遗产，以其上下两千年、纵横数万里的时空跨度，成为人类历史上宏伟壮丽的建筑奇迹和无与伦比的历史文化景观。

明代在吸取前人修筑长城经验的基础上，构筑了迄今为止规模最为宏大、结构最为合理、体系最为完善的长城建筑工程。明朝推翻元朝后，元顺帝返回漠北，随时准备重返中原，明朝为加强长城沿线的整体防御，在历代长城遗址上，重新规划，修筑长城，并按照防御体系将长城分为"九边十三镇"。在土木堡之变以前明长城分为"九边九镇"，东起鸭绿江畔的辽宁虎山，西至嘉峪关，分别是辽东镇、蓟州镇、宣府镇、大同镇、山西镇（也称太原镇）、延绥镇（也称榆林镇）、宁夏镇、固原镇、甘肃镇等。明世宗朱厚熜时期，为了加强北京的防护，增设昌镇和真保镇长城，"九边九镇"也因此改称"九边十一镇"，这一建制保留时间最长，故后世通常以"九边十一镇"称呼明朝长城。明神宗万历年间，明朝西北和东北均遭遇强敌，于是再由固原镇分出临洮镇，由蓟州镇分出山海镇，故称为"九边十三镇"。其中分布在冀东辽西地区的是辽东镇长城和蓟镇长城。

受中国文化遗产院委托，结合中国艺术研究院"长城、大运河、长征国家文化公园及黄河流域区域考察"项目课题需要，笔者与故宫博物院和中国文化遗产院的几位古建筑专家一道对冀东辽西地区的辽东镇长城和蓟镇长城进行了考察。

一、蓟镇长城

（一）碧波掩映的长城

辽西绥中县锥子山长城分为蓟镇长城和辽东镇长城，全长22455米。此次考察的第一站是蓟镇长城，蓟镇又名"蓟州镇"，今位于天津市蓟州区，为明九边重镇之一，蓟镇设置的目的是牵制九边的其他边镇及京营，起到防备叛乱的作用。蓟镇长城东起山海关西北，与辽东镇长城接壤；西与昌镇长城连接。

考察组一行前往喜峰口西潘家口段长城进行考察，行至潘家口水库西岸后弃车登船，几个人租了一艘快艇，艇两侧无遮拦，视线极好，是时天气晴朗，快艇迎风而行，轻盈快捷。行至转折处，突见北山之上的长城敌台，甚是惊喜，原以为长城均是建在荒凉的山上，不想此处竟是青山葱郁。（图1）

快艇行至迁西县和宽城满族自治县交界处，长城依山而建，其一端延绵至群山之中，另一端依山势而下蜿蜒入水，消失在水面以下，形成"水下长城"的独特景观。（图2）

20世纪70年代，为解决天津、唐山工农业生产和生活用水问题，在滦河干流上修建了潘家口水库，水平面提升将潘家口关城和部分长城淹没，随着水位的涨落，"水下长城"时隐时现；加之水库两侧奇峰怪石，绿水青山，形成了独特的"水下长城"景观环境。本次考察的目的即了解长城的保护情况。

（二）以苦为乐的豁达

潘家口关城和临水部分长城随着水库水位涨落，长城墙体受到水面冲刷，加剧了冲击和风化作用对墙体的影响。为修复潘家口水库对长城的破坏，2020年启动了喜峰口西潘家口段长城保护维修工程。在工地现场，考察组一行对该工程的设计与施工情况进行了调研，包括长城保护维修理念、工程技术措施、工程管理体制机制、社会力量参与、长城开放利用等内容。调研中了解到，河北省古代建筑保护研究所在设计和施工中做了一些有益的探索和创新。工程以排险为主旨，以期彻底解决长城本体的结构安全问题。抢险人员利用枯水季节该段长城能露出水面的窗口期抓紧抢险施工。（图3）据抢险工地负责人张勇介绍，喜峰口西潘家口段"水下长城"的修缮难点是如何排除水体长期对长城本体侵蚀和冲刷造成下部基础地质层的破坏，以及如何增强长城墙体的抗压能力。在我们考察期间，该工程的水下部分已完工，并取得了良好的工程效果。张勇说，抢险工程后期开始降雨，为迅速完成关城及长城抢险工程，施工人员加班加点、夜以继日地抢工，确保了工程的顺利完工，但雨水淹没了临时工棚，部分生活用品尚未被及时取出。虽然工棚没了，但从与施工人员攀谈的话语中能感觉出他们以苦为乐的豁达。

图 1　碧波掩映的长城（田林摄）

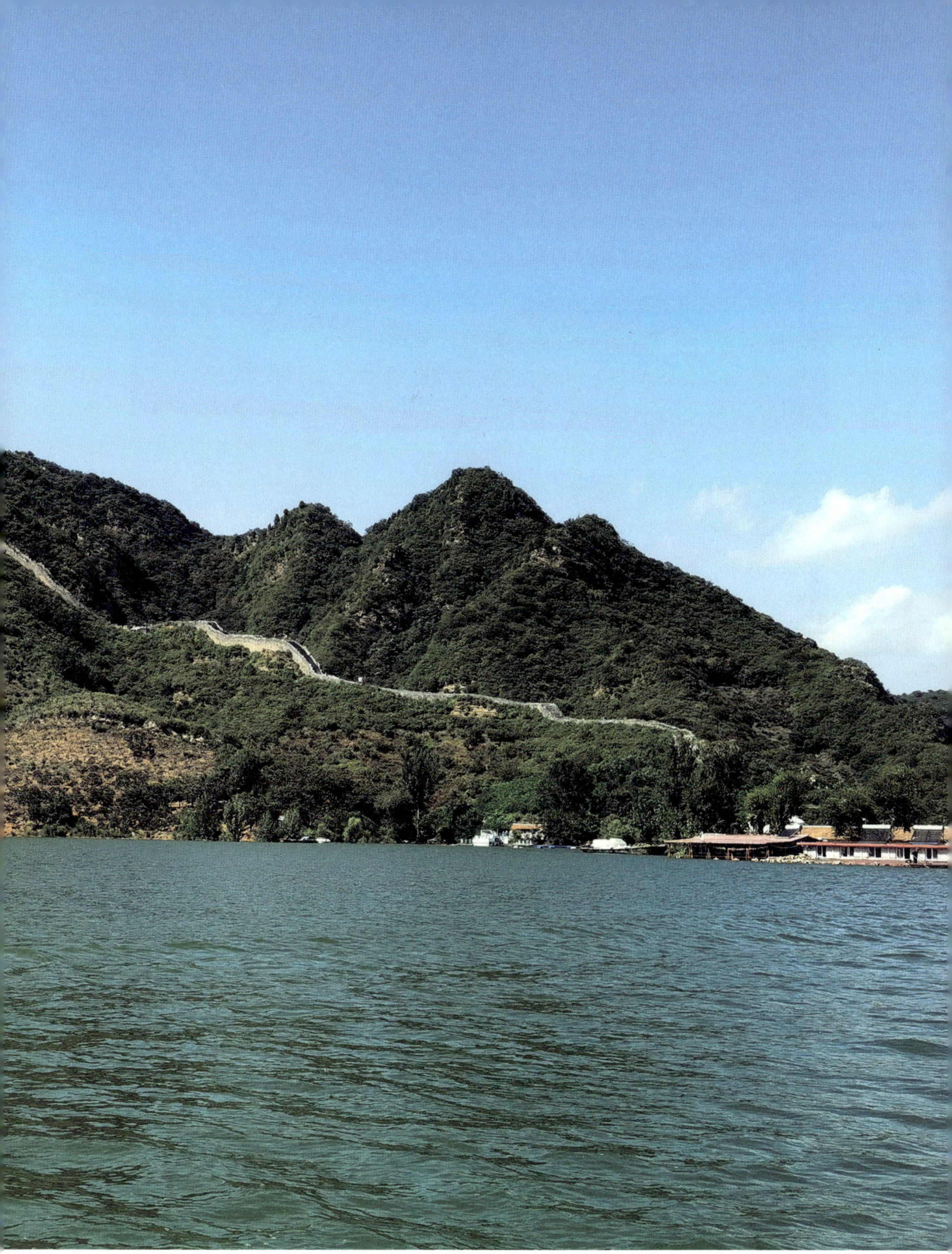

图2 水下长城（田林摄）

（三）义务保管的守望

考察秦皇岛海港区长城时，在驻操营镇城子峪村有幸遇到了被称为"长城活地图""长城守望者"的张鹤珊。张鹤珊是一名长城义务保护员，他每天在长城上行走，拂拭城墙砖瓦，割去荆棘杂草，拾捡掉落砖块，清理沿途垃圾，夏天顶烈日，冬天踏积雪，日复一日、年复一年，义务保管，执着守望。张鹤珊利用自家房屋建了长城保护工作站（图4），并于2021年开设了抖音号"长城楼长张鹤珊"，目前粉丝人数已达40多万，通过抖音号讲述长城故事、推广长城文化。他已经成为利用新媒体宣传家乡的典型人物，是一个地地道道的"网红"。前段时间老张在巡视长城的过程中，手机不小心被摔毁了，拍照、记录长城的保护工作受到了影响。一对粉丝夫妇得知后，开车上百千米，专程送来一部新手机。他们只是希望老张能多拍精美的长城照片，多制止长城上的违法行为，更希望老张多利用抖音这种新媒体形式宣传优秀的长城文化。张鹤珊作为一名普通的长城义务保

图3　长城抢险工作（田林摄）　　图4　自建长城保护工作站（田林摄）

护员，却做出了不普通的事迹。像张鹤珊这样的普通长城义务保护员，还有成百上千，就长城保护而言，社会力量是尚未充分开发的重要宝库，以张鹤珊为代表的长城义务保护员们让我们真实地感受到了守望的力量。

二、辽东镇长城

（一）蜿蜒崇山的长城

此次考察的第二站是辽东镇长城，也称为"辽东长城"。辽东镇长城兴修于明正统七年（1442），东起鸭绿江西岸，西至山海关西北，是明代所筑长城，是世界文化遗产长城的组成部分。辽东镇长城由西向东依次为大毛山段、西沟段、小河口段、锥子山段、椴木冲段、蔓芝草段、石匣口段和金牛洞段。辽东镇长城蜿蜒于燕山余脉的崇山峻岭之上，蔚为壮观。考察组一行重点考察了辽东镇长城的大毛山段，该段长城位于绥中县永安堡乡西沟村的西南部，总体走向为东南—西北，墙体总长千余米，共有敌台6座、墙体2段、马面2座、烽火台3座、大毛山城堡1座。（图5—图9）此

图5　残损且挺拔的敌台（田林摄）

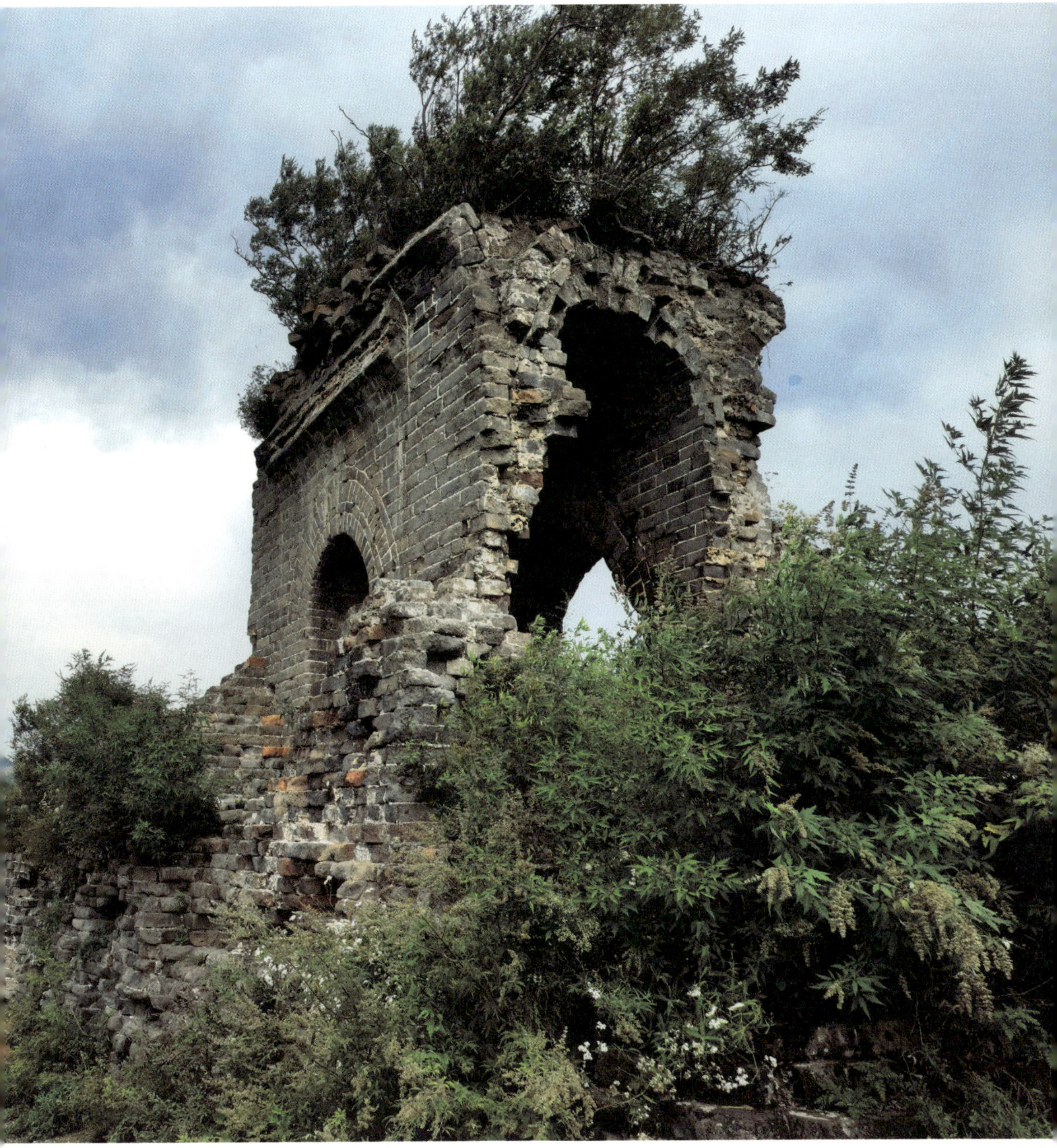

图 6　残存敌台墙体（田林摄）

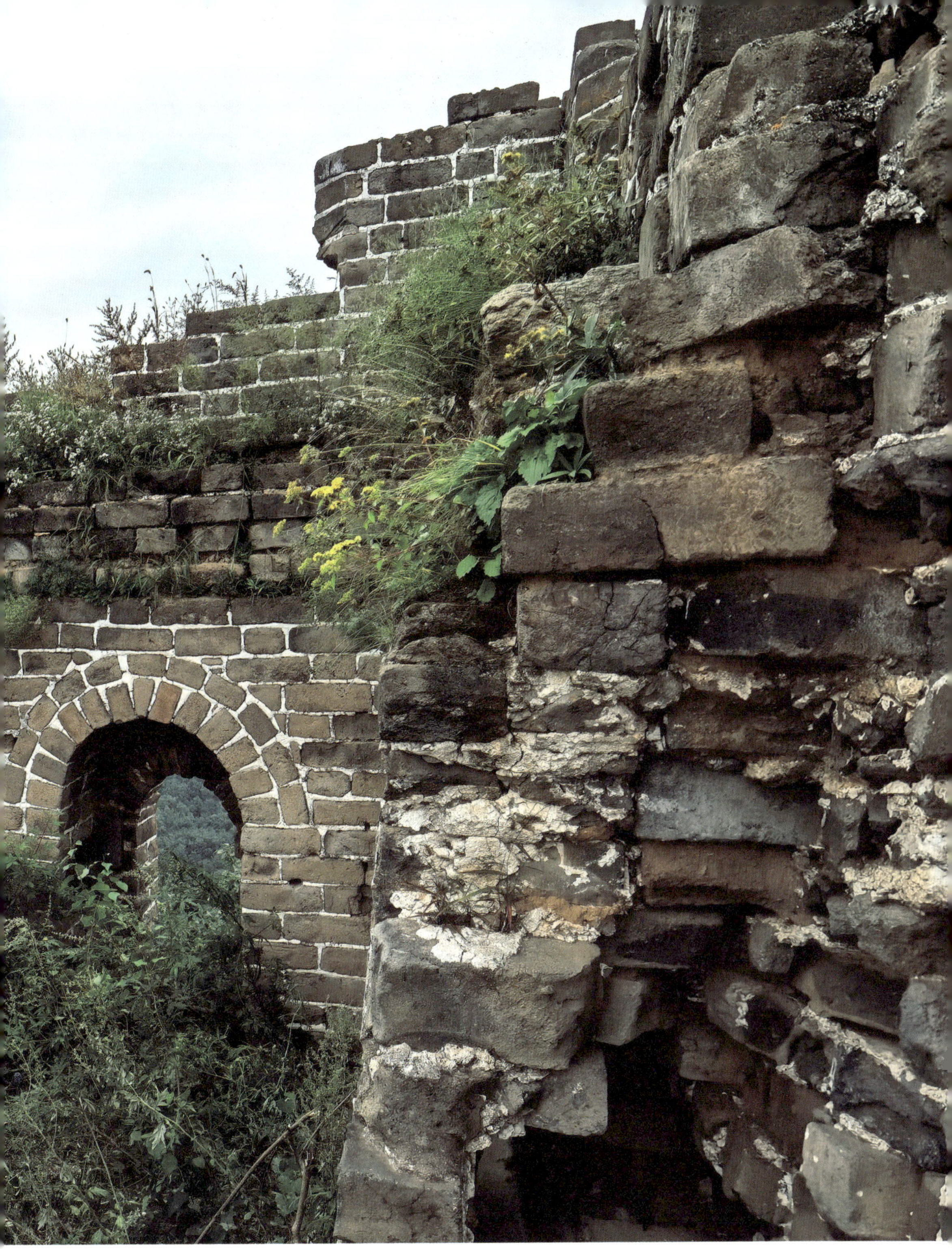

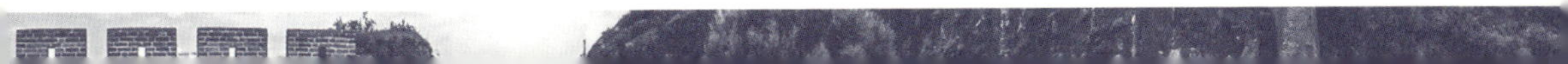

图 7　敌台内部结构（田林摄）

图 8　敌台与边墙（田林摄）

图 9　山脊上的敌台（田林摄）

段长城地势险峻,雄伟壮观,虽残损斑驳,但不失沧桑之美。我们考察期间未见到其他游客,概因该段长城地处相对荒凉的地段,俗称"野长城",所以人为破坏相对较小。

(二)历经沧桑的印记

登临长城敌台,面对斑驳的古墙,面对历经无数岁月留下的沧桑印记,常以工程学为圭臬的我,豁然间感到对长城遗址美学认知的必要。之前从长城遗产保护的专业视角,眼里看到的总是券顶券脚坍塌、墙体根部掏蚀、墙体严重歪闪开裂等长城墙体的结构性安全隐患,或是裂隙发育、墙体表面风化、霉菌造成劣化和冲沟发育等持续性破坏因素,很少关注城墙遗址的沧桑之美。长城遗产的艺术价值不仅表现在其建造时工艺的原始价值,还应包括其被历史长河雕琢而形成的艺术效果。当前长城修缮中所秉持的"不改变文物原状"的修缮理念,正是对这一艺术价值认知的尊重。将留存着历史沧桑印记的长城美学纳入长城遗产保护的核心价值,是对长城历史文化的继承,也是长城文化内涵随着时代发展而变化的结果。

本次考察的辽东镇长城,与前些年媒体广泛报道的"最美长城被抹平事件"所涉及长城段的距离很近,该被报道工程由于修缮方法的不当,客观上造成了对长城城墙沧桑之美的漠视。考察中发现大毛山多处长城墙体及敌台残损严重,有实施抢险保护工程的必要。随行地方文物保护人员告知,大毛山段长城残损状况有日益加重的趋势,但因前车之鉴,现在对后续长城抢险保护工程的实施极为慎重。笔者认为,这种对待长城遗产审慎的态度是正确的,是基于对长城历史沧桑印记的尊重,是对长城艺术价值的再认知。

（三）基层保护工作者的忧思

在本次考察中，笔者接触了多位基层文物保护工作者，在长城文化遗产保护工作中，他们是一线最辛苦的计划者、执行者和责任人。除了沉甸甸的责任，更有对长城保护工作的忧思：一是由于缺少日常养护资金，长城遗产本体逐年毁坏；二是由于缺乏旅游参观的配套设施，缺少规划的参观线路和遗产小道，时有游客直接踩踏破坏长城的现象，尤其是"野长城"，已经成为驴友们踏青的主要目标，脆弱的文物本体深受其害；三是由于管理人员缺乏，周边农民仍存在破坏长城的现象，虽然不是偷盗城墙砖等这类犯罪行为，但在长城上、敌台内放羊的行为时有发现；四是由于未能带动当地老百姓经济生活水平的提高，虽然政府部门、建设单位积极性高涨，但普通群众参与性不高，引领作用不明显；五是由于缺乏对历史文化的深度体验，长城开发利用不充分，甚至真正意义的长城文化利用尚未有效开展。以上基层保护工作者的忧思的确是当前长城保护与传承亟待解决的问题。

（四）遗产保护专家的构想

针对本体长城考察中基本文物保护工作提出的诸多问题，笔者与故宫博物院古建筑保护专家张克贵先生进行了深入探讨，颇有启发。张克贵先生认为，文物保护修缮资金的利用方式应当进行调整，比如增列必要的日常保养经费，并下放到地方。可对长城义务保护员进行长城日常保养工程培训，已培训合格的义务保护员可参与长城日常保养工作。义务保护员在巡视中，如发现长城本体破坏，可随时进行日常保养，这样既可降低长城保护成本，提高保护效率，客观上也可提高义务保护员的收入水平，使其能更加安心地从事长城巡视工作。

在对长城遗产实施保护的同时，还应当兼顾发展问题。应对长城资源进行评估，区分可开放和不可开放长城段，分类制定保护措施和开放利用措施，完善配套设施。强化对长城文化、历史文脉的梳理，开拓思想，创新长城资源展示利用方式与方法，推动文旅融合，调动周边群众的积极性。

三、历史性机遇

2019年12月，中共中央办公厅、国务院办公厅印发了《长城、大运河、长征国家文化公园建设方案》，长城国家文化公园建设正式启动，长城作为重大线性遗产被纳入国家文化公园的建设范畴，是国家文化发展的重大举措，是体现中国特色社会主义核心价值观的精神空间，也是国家文化自信建设和文化强国建设的重要支撑。国家文化公园的相关建设任务计划于2023年完成，长城国家文化公园建设是历史性重大机遇，时间紧、任务重。目前，辽宁和河北两省均编制完成了长城国家文化公园建设规划。但在考察中发现，基层工作者和广大群众对该区域国家文化公园建设规划的了解不深刻，对包括哪些项目，以及项目如何落地等内容缺乏清晰的认知。考察组专家一致认为，国家文化公园建设工作需进一步强化规划的落实，统筹资金的来源，明确具体可落地的项目；采取分步实施的策略，成熟一处，实施一处，不宜全面开花、急于求成；切实提高基层工作者、广大民众的参与度，真正达到长城国家文化公园建设惠及广大民众的目的。

四、结语

在冀东辽西长城考察中，考察组了解了蓟镇、辽东镇长城在该区域的分布状况，听取了实施保护工程人员、长城义务保护员和基层文物保护者的心声，考察了该区域长城及其赋存环境的保护状况，对该区域长城的形制、做法特征，以及实施的针对性保护措施有了较为详尽的掌握，对长城遗址的艺术美学价值有了更为深刻的认知。长城国家文化公园建设是机遇，也是挑战，需要统筹开展城墙本体保护、赋存环境整治、遗产开放利用、历史文脉传承等系列工作，任重而道远。

高原长城与多重文化：
宁夏镇明代九边重镇长城文化考察记

程霏 | 中国艺术研究院建筑与公共艺术研究所

黄续 | 中国艺术研究院建筑与公共艺术研究所

中国长城是世界上最为悠久浩大的古代防御工程，在 1987 年被列入《世界遗产名录》，是重要的线性文化遗产。修筑长城最多的时期是秦汉与明代，明代是历史上最后一个全面修筑长城防御工程的朝代。

1368 年，明代定都南京后北伐，北方先后建立北元、鞑靼、瓦剌等以游牧业为主的政权，并不断南下骚扰抢掠。因此，明代从建国初期到晚期的 200 多年中，从未停止过对长城的修筑，最终形成了贯穿东西、全线连接的长城防御体系。

一、九边重镇与宁夏镇

明长城经甘肃、青海、宁夏、陕西、山西、内蒙古、河北、北京、天津、辽宁 10 个省、自治区、直辖市，全长 8851.8 千米。明朝把长城沿线划分为九个防区进行防御，《皇明九边考》称其为"九边重镇"，更有利于管理长城防务和军事指挥。明朝中期，为了加强北京的防御，又从蓟镇分出了昌镇和真保镇,改称"九边十一镇"。明朝后期,又从蓟镇分出山海镇,从固原镇分出临洮镇,称为"九边十三镇"。

九边重镇的防御体系,是指依附于长城工程体系的军事体系,两者不可分割。各镇负责本地段防御设施、信号驿路、军事聚落等的守卫和维护。其中,军事聚落通常分为五级,靠近长城防御设施的堡寨体量越小,数量越多。

明长城的名称与现有的省、自治区、直辖市名称有所重合,二者有一定的地理关系,如宁夏回族自治区内现有明长城的宁夏镇和固原镇两个重镇。宁夏镇,总兵驻地为宁夏银川,辖区东起大盐池(今盐池县),西至中卫喜鹊沟黄河北岸,分为东、西、南、北、中五路。有学者考证,宁夏镇设置巡抚都御史、镇守太监、镇守总兵各一人,总兵下设协守宁夏副总兵一人,参将、游击将军等若干名。宁夏镇军事防护的一个重要措施就是不断修筑、加固长城,镇内各段长城大多始筑于明成化年间,随后不断地修缮,投入了大量的财力和物力,万历之后,大规模的修建活动基本结束,北、西、东三线长城军事防御格局基本形成。

二、宁夏镇长城及其相关设施田野考察

宁夏镇现存明代长城主要有西侧山险、北长城、东长城、陶乐长堤等。宁夏镇长城虽经风沙剥蚀堆埋,但仍有大段保持连贯的墙体,北、西、东三线长城格局还比较完整,包含长城墙体、壕堑、敌台、烽火台、关口、绊马坑、城堡、铺舍、品字形窖等丰富的建筑形式,可以看出它在修建的时候和地形地貌、军事防御等因素是相配合的。长城的营建是一个系

图1 贺兰山口1号烽火台全景（程霏摄）

统工程，它前期的整体策划、建造过程中的工艺技术，以及西北的军事防御文化、宁夏独具特色的地理风貌和地域文化共同构成了宁夏镇明长城独特的建筑文化。

（一）西线贺兰山山险

西线长城是指宁夏镇西侧的防御体系。包括东北—西南方向纵贯宁夏西北部、绵延200多千米的贺兰山脉，特别是三关口以北地段，群山高耸，主峰敖包疙瘩海拔3556米，直接利用山险形成天然屏障。

嘉靖十年（1531），修筑了多处敌台、烽火台等，贺兰山脉易守难攻，与修筑的传递信息体系相辅相成，共同构成独特的防御体系。贺兰山烽

图2 贺兰山口1号烽火台仰视图（程霁摄）

火台多分布于独立山脊上和平地高台处（图1、图2），通常就地取材，形成两种类型：分布于山顶的多为石块垒砌，平地的则多为黄沙土夹杂小石块夯筑。贺兰山是石质山脉，在山体临敌方一侧取石，这样既能采凿到可用之材，又能在山体上人为造成劈山墙等山险地带，有一举两得的效果。

而各段山体交界的地方形成山口，以黄土夯筑或用石块垒砌墙体相阻隔并建有关口。贺兰山脉可供通行的山口约有34个。（图3、图4）贺兰山中部的三关口，头道关与长城墙体相连，两山夹一道，从西至东平行排列三道关口，地势险要，是与明代对峙的北元和瓦剌所辖的阿拉善进入银川平原的咽喉要道。此外，贺兰山岩画也充分展示了当地的远古时代文化及其交流方式。

图3　贺兰山口远眺（程霏摄）

图4　贺兰山口近景（程霏摄）

（二）北线长城

北线长城西起贺兰山北，经石嘴山市的惠农与大武口两区、平罗县东至黄河西岸，为嘉靖九年（1530）修筑。此段长城位于贺兰山与黄河之间，地理环境极具特点，古人称之为"山河之交，中通一路"，包括"旧北长城"和"北长城"（明代"边防西关门墙"）两道。北长城修建较晚，在旧北长城北侧，主要由黄沙土分段版筑而成，因流沙掩埋，且其位置多为现代村庄和农田，破坏情况严重，只有个别地段保存尚好。北长城原有镇北关、临山堡、平房城等多座文献记载的关堡，现均已无存。

1. 旧北长城

现存旧北长城位于红果子镇，是宁夏境内最北侧的长城，平地处以夯土筑成，高山上则以石块垒砌，全长约6千米，其中土墙约占三分之二，石墙约占三分之一，是北线长城的主体，保存相对较好。（图5、图6）

在旧北长城的上段，长城西尽头是一座依山而建的烽火台，烽火台东西两头堆建的长城基本完好。从烽火台向东约200米的长城上，有一段长城地震错位遗址，据有关文献记载，这段长城建于1522年，位于红果子沟洪积扇上。有关资料对长城错位遗址作了具体描述，上下左右方向出现错位，其水平错距为1.54米，垂直错距为0.9米。（图7、图8）中国科学院早在1965年调查平罗附近1739年大地震的影响时，就发现了此处长城错位遗址。1980年9月，在宁夏召开中国活动断层与古地震学术讨论会时，120位学者又到红果子长城错位点考察。接着，欧美、日本等国家的专家络绎不绝地前来考察。红果子长城古地震遗址已成为研究地震或地壳运动变化的珍贵资料。

图5 旧北长城夯土筑成区段（程霏摄）

图6 旧北长城石块垒砌区段（程霏摄）

图 7　旧北长城石块垒砌位置的水平错位（程霏摄）

图 8　旧北长城夯土筑位置的垂直错位（程霏摄）

高原长城与多重文化：宁夏镇明代九边重镇长城文化考察记

2. 镇远关

镇远关是明长城九边重镇中宁夏镇的重要关隘之一，关城的北墙设在旧北长城之上，关城位于长城内侧。（图9）

从《嘉靖宁夏新志》在关隘部分的记载中可以清楚地看到镇远关在宁夏镇北部防御中的重要性与明朝前后防务的变化，其中写道："镇远关在平虏（今宁夏平罗）城北八十里，实宁夏北境极要之地。关南仅五里，是为黑山营，仓场皆备。弘治以前拨官军更番哨守，为平虏之遮。正德初，因各处征调轮拨不敷，遂弃之，致虏出没无忌，甚或旬月驻牧，滋平虏之患日深。镇远关自不能守，柳门等墩自不能嘹，平虏之势遂至孤立。"现该关堡残损严重，仅存一座方形高台，外侧有护城壕遗迹。

图9　镇远关遗址（程霏摄）

(三)东线长城

东线长城是宁夏中东部区域修筑的长城防御设施。东起于盐池县花马池镇,西止于兴庆区横城村北黄河岸边,在灵武市清水营分为内外两道,俗称"头道边"与"二道边"。前者为内长城,嘉靖十年(1531)兵部尚书王琼奏请修筑,自横城至花马池,包括长城墙体、敌台、铺设、烽火台、品字窖等;后者为外长城,又称为"河东墙",成化十年(1474)修筑,自黄河嘴至花马池。(图10、图11)

东线长城区域现存清水营、红山堡等军堡。军堡是长城军事系统的重要内容,按距长城的远近,将军堡分为两类三种:固定性的前线堡子、后方屯军堡子和临时性的游击堡子。前线堡子位于长城沿线或距离长城

图10 东线长城远眺(程霁摄)

图 11 东线长城近景（程霏摄）

较近，规模较小，多位于山头险要位置，便于瞭望。后方屯军堡子距离长城较远，规模较大，多位于地势平坦的山谷或平原，土壤肥沃，军士战时守城，农忙耕种。游击堡子指游击将军指挥的游历于各堡之间、起协调援助作用的兵士驻扎的临时性堡子，一般规模较小。东线长城的城堡都存有遗迹，可以看到堡门、瓮城等，能清楚了解城堡的规模。

1. 清水营影视城内的长城与军堡

清水营堡是宁夏镇东线长城的一座屯兵军堡，位于宁夏灵武市东北约42.5千米处，是明代弘治年间巡抚王珣主持修建的，有500多年的历史。清水营城北侧为长城墙体，现在残存的堡墙连续围合，城上曾建有敌情楼，随着风雨剥蚀，现已失存。走进清水营城内，可见建筑物的残件和杂草，一片荒凉，只能想象当年兵将们训练、生活的场景。（图12、图13）此处现

图 12 清水营局部（程霏摄）

图 13 清水营内景（程霏摄）

属清水营影视城，有多段长城墙体，并在一处长城墙体旁边有一座小的前线堡子遗址，这里整体表现出"苍茫"和"沧桑"的美感。

2. 水洞沟遗址内的长城与军堡

宁夏水洞沟遗址位于宁夏灵武市临河镇水洞沟村，西距银川市19千米，南距灵武市30千米，是中国最早发掘的旧石器时代古人类文化遗址，区域内有东长城、烽火台、军堡、藏兵洞等诸多长城遗址，形成具有地域特色的长城军事体系。

（1）水洞沟遗址旅游区内的东长城与烽火台

水洞沟遗址内长城为明长城灵武段，属于东长城，为夯土修筑，保存较好。站在长城上放眼眺望，北边为毛乌素沙漠，南边是水洞沟遗址区域。（图14、图15）水洞沟内为平坦的台地，边沟河将台地切割为峡谷，在边沟崖壁发现有多处史前遗址。

（2）红山堡、藏兵洞与绊马坑

红山堡是明朝的屯兵军堡，因为土质红色而得名。红山堡约为方形，规模较大，设东门一道，有瓮城，门向南开，堡墙围合。它东距清水营25千米，西距横城10千米，是交通要道。明朝时期红山堡驻扎有300多名驻军（图16、图17），城堡内尚存有房屋基址。

在3千米长的红山堡大峡谷悬崖中，有洞道蜿蜒曲折的藏兵洞，是我国最早的地道战遗址和原型。（图18、图19）红山堡守军于此由地上转入地下隐蔽兵力、贮藏物资、设置伏击。现在开放的1、2号藏兵洞，内部功能齐全，有坑道、会议大厅、观察口、居室、储藏室、伙房、兵器库、炮台、水井、陷阱等设施。这是全国保存最为完整的古代立体军事防御体系，长城、军堡和藏兵洞紧密联系在一起，使红山堡从未被鞑靼、瓦

图 14　镇虏墩与灵武段长城远眺（程霏摄）

图 15　明长城灵武段烽火台镇虏墩（程霏摄）

图 16 红山堡外景（程霁摄）

图 17 红山堡瓮城内景（程霁摄）

图 18　藏兵洞外景（程霏摄）

图 19　藏兵洞入口（程霏摄）

高原长城与多重文化：宁夏镇明代九边重镇长城文化考察记

刺等攻破，也是我国唯一一处三者融合的景观。

在灵武水洞沟景区红山堡敖银公路长城缺口以西约1.3千米处，地势比较开阔平坦，在长城墙体外侧沿线、距边墙约50米处，发现了许多"品"字形绊马坑。它们虽被风沙填平，但地表遗迹十分清楚。绊马坑可以较好地阻挡敌骑侵入，加强防守。这也是长城修筑适应环境、就地取材的例证，建设长城时，在墙体外侧大量取土，形成壕堑，增强长城的屏障作用。"品"字形坑南北共有三排，一、三排相互对直，中间一排与一、三排相互错位形成"品"字形，在10米见方的范围内就分布有长方形坑14个，可能此处是骑兵进攻较多的一条通道。

三、结语

宁夏自古就是中原农耕民族与北方游牧民族相互争夺的要塞。明长城宁夏镇长城文化遗存丰富，建筑品类繁多，东线、西线、北线各具特色。分布地段往往有幽蓝的苍穹、神秘的风声、高亢的花儿、嶙峋的山峦、成群的牛羊，在这样的背景中，更平添一份哀婉色彩和原始情调。而更具吸引力的是，隐藏在这后面的与长城相关的红色文化、黄河文化、游牧文化、农耕文化、西夏文化、回族文化、丝路文化等丰满、生动的文化宝库。长城的历史形态、防御功能与中华文化的传播、融合、发展同步，形成宁夏镇雄宏、古朴、神秘的长城与塞上风光融合的自然与人文双景观。

中英长城与景观阐释：
中国明代蓟州镇长城与英国哈德良长城景观考察记

程霏 | 中国艺术研究院建筑与公共艺术研究所

田林 | 中国艺术研究院建筑与公共艺术研究所

［美］罗伯·柯林斯 | 英国纽卡斯尔大学历史、古典与考古学院

1987年，中国长城和作为罗马帝国边疆（Frontiers of the Roman Empire）一部分的英国哈德良长城被联合国教科文组织列入世界文化遗产名录，此后，陆续有相关遗产补充加入。对中国长城和英国哈德良长城的研究涉及考古、建筑、景观、历史、地理、民俗、环境等许多学科和领域，这些研究有助于深入理解两者景观的独特性。中国长城和英国哈德良长城均已适度开放，进行旅游利用。英国哈德良长城国家步道（Hadrian's Wall Path National Trail）于2003年5月开放；中国长城已开放多处景区，而且正在建设长城国家文化公园。依据相关国际宪章与国内法规，可以将文化遗产的"旅游利用"定义为："在不影响文化遗产安全和真实性、完整性的前提下，以传播文化遗产价值为目标，利用遗产本体进行遗产价值阐释、展示、教育、体验等实践活动。"[1]最新修订的《国际古迹遗址理事会（ICOMOS）国际文化遗产旅游宪章》（2021）"倡导负责任和多样化的文化旅游发展和管理理念，以加强

文化遗产保护；推进社区赋权，增强社会韧性，提升社会福祉；同时营造一个健康的全球环境"。该宪章"准则3"中强调，"通过易于公众理解的文化遗产阐释和展示，提高公众意识和游客体验"，并对阐释和展示的内容与方式、相关利益人群的责任、参观者的体验等方面进行了较为详细的规定和解释。"事实上，它们（这里指体验）会发生在任何一个人身上，是他们处于情感、体力、智力，甚至精神层级上的感受。结果如何？两个人不可能有相同的体验经历。每一次体验都源于所在的现状与个体自身的身心状态之间的互动。"[2] 对于长城的景观体验是参观者理解长城的重要方式。

中国长城体量巨大，由不同时期和不同省域的区段构成，从特征与属性来讲，可与建于古罗马帝国时期跨越欧亚非三大洲的罗马边疆相对应，而英国哈德良长城只是罗马边疆的一部分。因此，为了更好地进行比较，本文选取了中国明代蓟州镇长城与英国哈德良长城进行研究。一方面，两者有相似之处，主要都采用砌筑方式建造，有海洋边界段也有内陆段，具有重要意义和典型性，景观体验设计相对完善；另一方面，中国明代蓟州镇长城与英国哈德良长城的构成和相关文化特征不同，两者的自然环境、长城防御体系、长城聚落、历史文化等各具特点，对其进行比较分析，可找出其体验内容的基础与内涵。此外，在体验方式上，可以分析两者多样的景观解读、阐释和体验方式。

一、中国明代蓟州镇长城和英国哈德良长城概述

（一）中国明代蓟州镇长城

长城是中国古代规模最宏大的防御工程，是中国乃至世界的珍贵文化遗产。长城在中国古代军事活动中是作为一个整体的军事系统出现的，历代长城总长度为21196.18千米，有墙体、敌台、天然险、壕堑、劈山墙、山水险等防御体系，从镇到堡等各级军事聚落，烽燧、驿站、驿路等信息与物资传递系统，训练、屯田等备战设施，以及木市、马市等铺舍互市贸易场所。

明代长城的总长度为8851.8千米，约占中国长城总长度的五分之二，分布在10个省（自治区、直辖市）。明代的长城军事防御体系是一个逐步调整和完善的过程。明太祖在洪武时期（1368—1398）完成了北部边疆的基本部署，奠定了"九边"军事防御体系的雏形。明成祖在永乐时期（1403—1424）迁都至北京，逐步建立了九边军事防御体系。1402—1414年，首先设置辽东、大同、宁夏、甘肃四镇；1424—1458年，设置宣府、蓟州、延绥三镇；1486—1505年，设置山西、固原两镇。至此，完成了"九边重镇"的军事防御体系。史书上第一次出现"九边"的说法是在正德十六年（1521）五月的奏疏上，明确提出"九边一体"。明代中期以后，为了加强北京和帝陵（明十三陵）的防务，调整蓟州镇的防区，增设了昌镇和真保镇，合称"九边十一镇"。

在这个演变过程中，主要是蓟州镇的防御空间有所变化。蓟州镇在沿边九镇中，具有特殊的地位。"蓟州为京都左辅。当大宁未彻时，与宣府、辽东东西应援，诚藩屏重地也。自挈其地以与兀良哈，而宣、辽

声援绝,内地之垣篱薄矣。嗣后,朵颜日盛,侵肆有加,乃以蓟州为重镇,建置重臣,增修关堡,东自山海,西迄居庸,延袤千里,备云密矣。"(《读史方舆纪要》)这段描述,明确指出了蓟州镇的重要之处,首先在于它所处的地理位置对于京城的护卫作用。蓟州镇位于现在的北京、天津两个直辖市和河北、辽宁两省境内。被纳入"九边九镇"时,其东起现河北省秦皇岛市的山海关,西至北京市昌平区居庸关的灰口岭;明代中后期,其被纳入"九边十一镇"时,其东端不变,西端向东北收缩到了怀柔区慕田峪的亓连口,总长度为858千米。蓟州镇长城的墙体用砖砌筑而成,高一丈五尺(约5米),根脚一丈,收顶九尺,在墙上设置不同作战姿势使用的望孔和射孔。本文研究的即明代中后期的蓟州镇长城,其防区较为稳定,并且是现在明代长城形态的主要呈现时段。(图1—图4)

图1 山海关靖卤台(肖东摄)

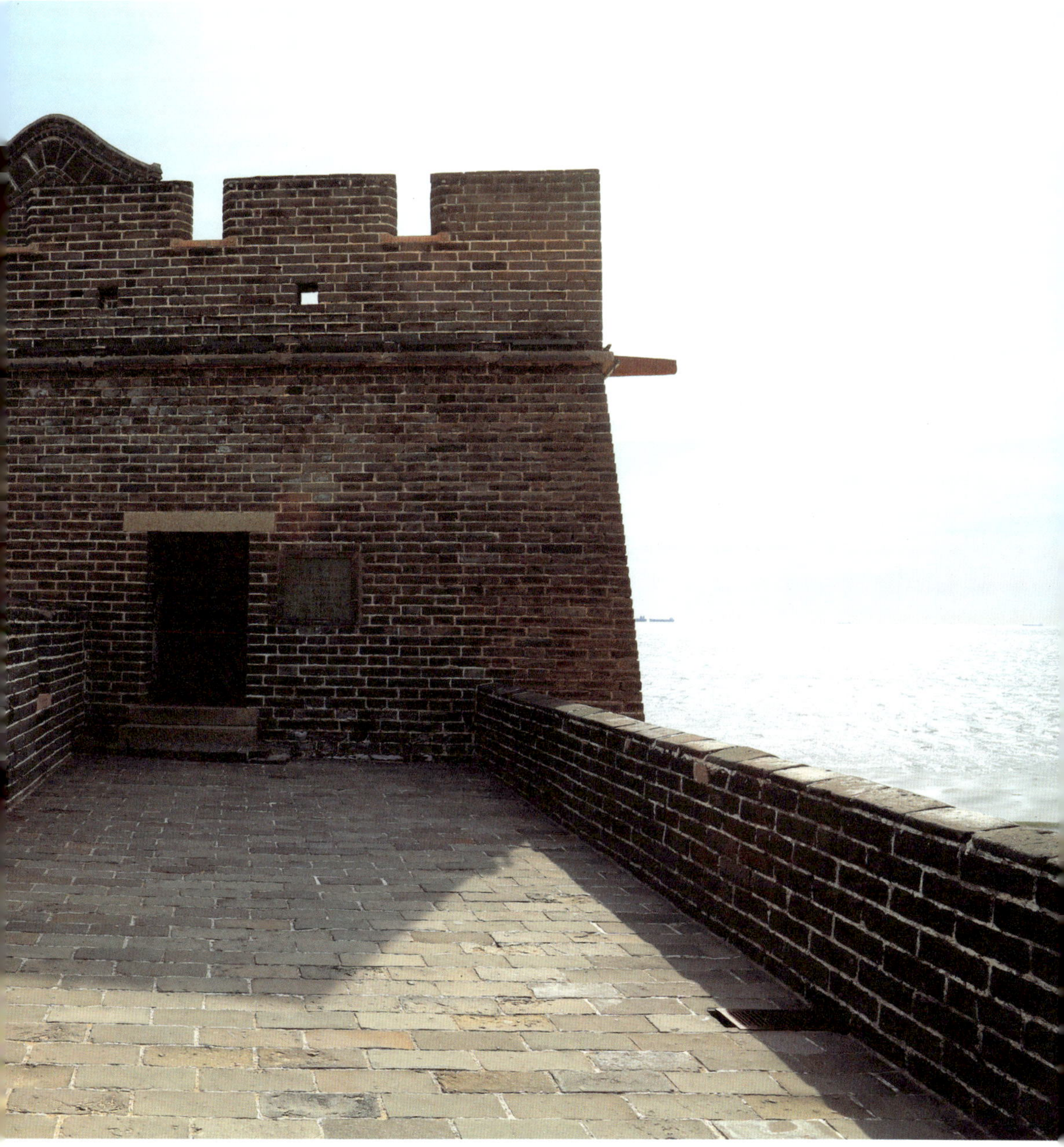

图2 居庸关（肖东摄）

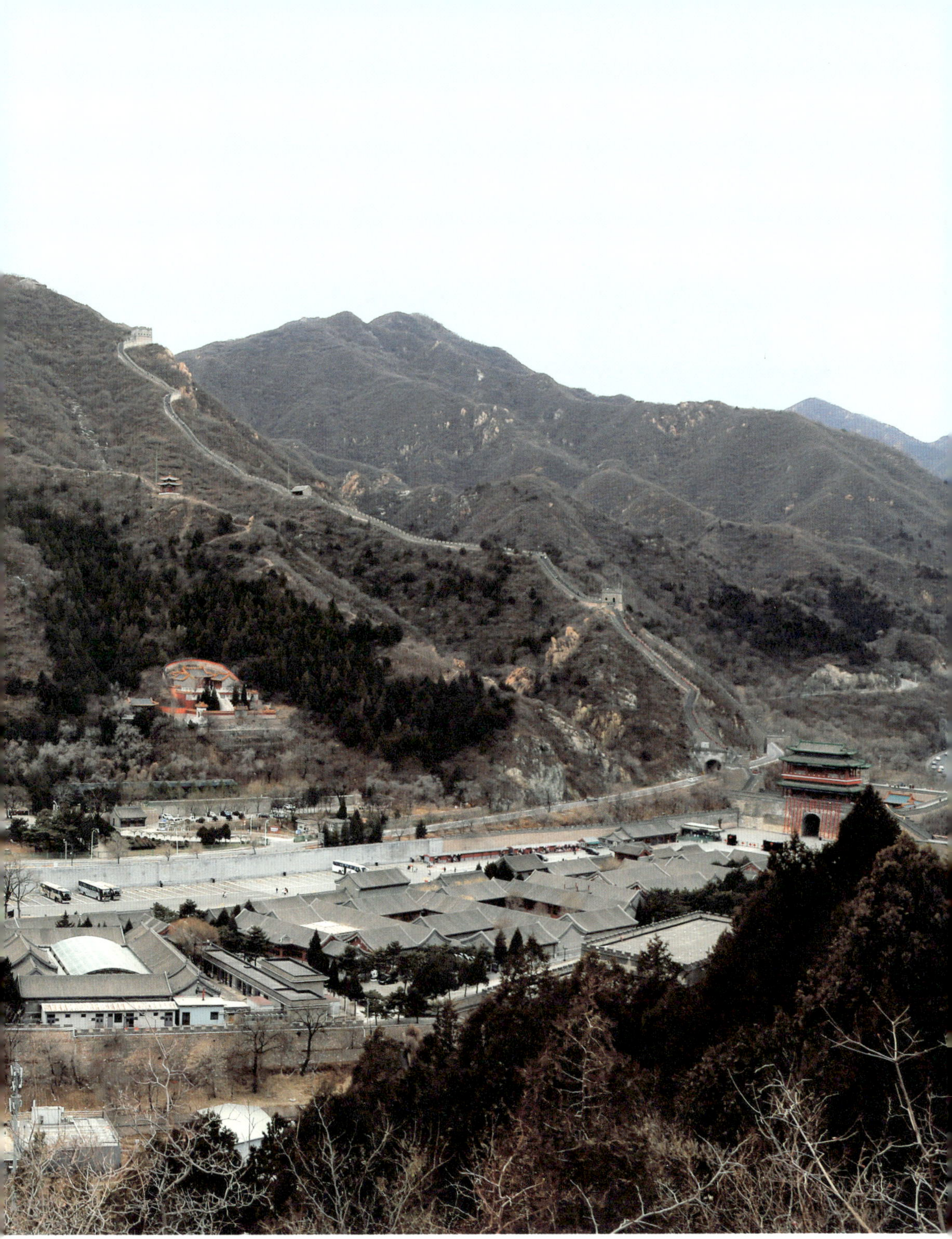

图3 老龙头宁海城（肖东摄）

图4 亓连口（肖东摄）

（二）英国哈德良长城

罗马帝国边疆是古罗马帝国修建的边界防御工事，位于欧亚非三大洲，现分布于英国、德国、荷兰等多个国家。英国的哈德良长城、安东尼长城和德国的北日耳曼－雷蒂恩界墙，是其中比较著名的区段。

英国哈德良长城（Hadrian's Wall）横贯大不列颠岛，是古罗马帝国修筑的英格兰北部边境防御体系的一部分，始建于哈德良时期（117—138），120年前后动工，全长约117千米。随着皇权的更迭，罗马帝国的军事部署也相应地进行了调整，这也对哈德良长城有所影响。在罗马帝国后期（3—4世纪），融合了前期的各个要素，哈德良长城的防御系统形成较为完善的建制。作为贯穿英格兰北部的防御工事，哈德良长城东起沃尔森德（Wallsend），西至鲍内斯－索尔威（Bowness-on-Solway）。长城的墙体由石头砌成，有时使用砂浆黏合，墙的高度约为5米。在鲍内斯以西和以南，沿着海岸线有堡垒、塔楼和要塞等一系列军事设施，直到雷文格拉斯（Ravenglass）。其中，位于每罗马英里起点的小堡垒，称为"里堡"；两个里堡之间有两座塔，称为"炮塔"；较大的军事设施，如沃尔森德的西格杜努姆（Segedunum）、豪塞斯特兹（Housesteads）的维科维奇姆（Vercovicium）等要塞是罗马军队的主要基地，大约每8英里（约13千米）就会发现一座。长城以南有科布里奇（Corbridge）和卡莱尔（Carlisle）两镇，以及重要道路沿线的文多兰达要塞。"哈德良长城涵盖的不仅是考古遗存，还有它所处的环境和地形"[3]，"其考古含义不仅包括长城本体的墙体（Walls）、壕沟（Ditches）、塔楼（Turrets）和里堡（Milecastles），还包括要塞（Forts）、道路、临时营地、庙宇、平民聚落等构成的罗马边疆景观"[4]。（图5、图6）

图5 卡莱尔（程霏摄）

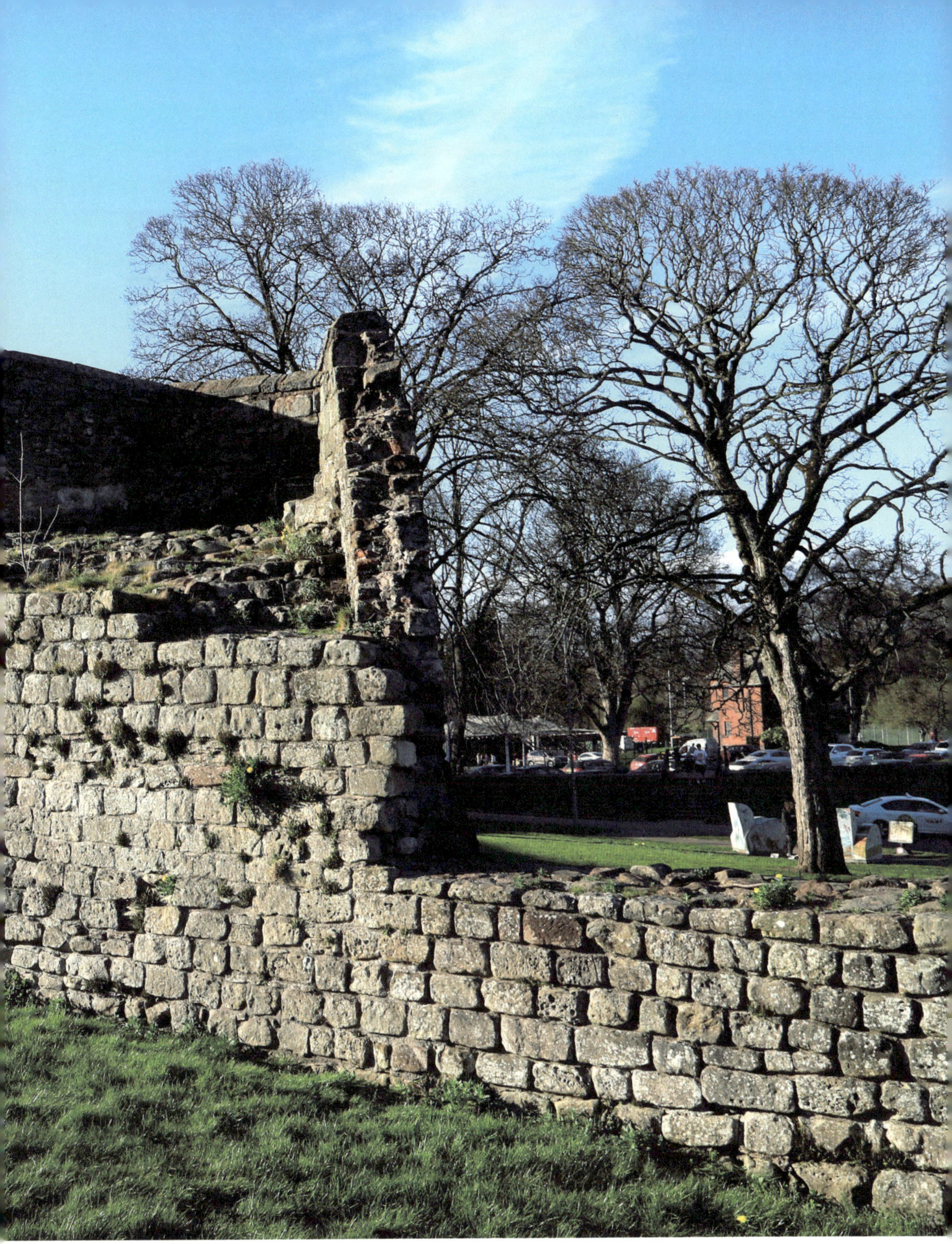

图6 沃尔森德（程霏摄）

二、中国明代蓟州镇长城与英国哈德良长城的
主要构成与相关特征比较

在《国际古迹遗址理事会（ICOMOS）国际文化遗产旅游宪章》（2021）中，"准则1"明确指出了文化旅游的管理对象，除遗产本体外，还包括保护遗产地的周边环境、自然和文化景观、原住民社区、生物多样性特征和更广泛的视觉语境。下面将两段长城的主要构成与相关环境的特征进行分析比较。

（一）环境特征

明代蓟州镇长城主要建于燕山山脉，燕山北侧海拔1300—1500米，相对高度500—800米，主峰东猴顶海拔2293米。蓟州镇长城所在区域山势陡峭，地势西北高、东南低，北缓南陡，沟谷狭窄，地表破碎，雨裂冲沟众多，不适于农业生产。哈德良长城所在区域地形中部以丘陵为主，东部和西部是地势平缓起伏的低地，整个长城沿线都适宜农业生产。两者的环境区别较大，周边地形海拔相差两倍多。前者是崇山峻岭的山地，海拔自东向西越来越高；后者是平缓起伏的丘陵，呈现从东部沿海低地至中部渐渐增高，再向西下降到沿海低地的地势。

（二）长城防御体系

在防御体系中，明代蓟州镇长城长度约858千米，在山脊一线以砖砌或砖包墙体为主，并有空心敌楼、烽火台，有些为天然的山险和水险。哈德良长城长度为117千米，以石块砌筑而成，在地形较高的地段，长城建在悬崖边缘，在地形较低的地段，长城北面有壕沟（Ditch）。在哈德良长城东部，壕沟和长城墙体之间的狭长地带上放置了尖锐障碍物。在长城南侧沿着墙体建有壕堑（Vallum），由中间的深沟和两边的土垒构成，里堡和炮塔建在长城的沿线上。两者在布局、规模、平面和功能方面都有所不同。

（三）长城聚落

中英长城聚落层级体系相似，均是多层次防御聚落。蓟州镇的军事聚落数量为各镇中最多，占明代长城聚落总量的29%；蓟州镇之下分为路城或卫城、所城、堡寨，自上而下四个层级逐级划分。英国哈德良长城的固定军事聚落根据所处区位，主要由沿墙要塞、道路要塞、海岸要塞和长城外侧要塞构成。两者在聚落规模、分布、空间等方面，根据具体的地形地貌进行设置。

（四）历史特征

蓟州镇长城建于明代，是中国历史上最后一个出现长城修筑高潮的朝代。在明代早期，蓟州镇的地位并不十分突出，明代中后期因防御体系南移而变得非常重要，而且有些区段是在原来旧长城的线路和位置上进行的重建与加固。例如，山海关在隋代就是长城的东端，被称为"渝关"，在明代是蓟州镇最东侧的起点。"隋朝之东线长城就在古北口到山海关燕山山脊一线……明长城是以隋朝建在燕山脊一线的长城为底线的，过去只限于文献推断，而今则有了一些遗迹和实物证据。"[5]哈德良长城主要修建于120—130年，作为罗马帝国的西北边疆，沿用了近300年。4世纪的相关资料显示，它的建造是为了将罗马人和野蛮人分开，但这是在哈德良长城建成200年后阐述得非常简单的原因。最新的阐释认为，哈德良长城是充当防御的设施或屏障，尽管它是具有交流性质的。哈德良长城也伴随着罗马帝国边界的扩张和弃守过程。它最初是因罗马人与北部皮克特人发生矛盾，从北部地方撤出时建造的，而在建造之后，当罗马军队占领哈德良长城以北的安东尼长城时便被废弃了，尔后又再次成为军事防御的焦点。明代蓟州镇长城和哈德良长城的修建与使用时期不同，两者相差1000多年。明代蓟州镇长城在约300年的时间里不断地被完善和使用，有些是新修的区段，有些是基于前朝线路基础上进行的重建，所以明代蓟州镇长城区域所包含的长城历史更加久远，时间跨度可能达 700—1000 年；哈德良长城的建造与使用也有大约 300 年时间，相当于中国的汉代至晋代时期，但均为新建，后在使用中有所调整和完善。

两段长城在使用时的地位和作用也随着不同时期军事防御的情况而变化。明代蓟州镇长城在使用中，经历了从最初的不受重视到后期的持续被重视。相比之下，哈德良长城几乎一直在使用，其间只有 20 年被废弃。

三、长城景观考察与体验

景观是一个跨学科的概念。长城不仅仅是古迹，也是景观。在 2008 年《文化遗产阐释与展示宪章》(*The ICOMOS Charter for the Interpretation and Presentation of Cultural Heritage Sites*)中，将遗产的"阐释"和"展示"定义为：阐释（interpretation）是指有一切可能的、旨在提高公众意识、增进对文化遗产地理解的潜在活动；展示（presentation）是指在文化遗产地通过对阐释信息的设置、直接的接触以及展示设施等，有计划地传播阐释内容。对长城景观进行适当的阐释与展示，能够令参观者在参观明代蓟州镇长城和哈德良长城的过程中，在娱乐、审美、教育与沉浸方面得到较好的体验。

（一）明代蓟州镇长城的景观体验

蓟州镇长城采取保持现状、原址重建、局部加固等保护措施后，有 80 余处可以参观体验的景点，在中国长城中属于开放区域较多的。其中，

图7 "天下第一关"城楼(肖东摄)

著名的景观有山海关长城、黄崖关长城、金山岭长城、八达岭长城、中国长城博物馆等。参观者主要通过攀登、远眺或近观长城墙体,参观博物馆,参加活动等方式,形成娱乐、审美、教育与沉浸的体验。

1. 山海关

山海关位于河北省秦皇岛市,是蓟州镇长城的东端起点。山海关的城池,以城为关,平面呈西北窄东南宽的梯形,城墙周长约4.57千米,全城有四座主要城门,并有多种防御建筑与军事设施,是一座防御体系

比较完整的城关。山海关东南至西北方向的东侧城墙与长城相连，是最主要的迎敌面。东门称为"镇东门"，崇墉百雉的城楼称为"镇东楼"，上悬"天下第一关"的匾额，辅以靖边楼、临闾楼、牧营楼、威远堂、瓮城、东罗城等建筑与军事设施。山海关长城博物馆始建于1984年，1991年正式对外开放。对于此处景观，可以通过军事聚落与博物馆参观相结合的参观方式，了解山海关独特的长城文化，增加历史、文化和科学技术等方面的知识，形成教育体验。（图7、图8）

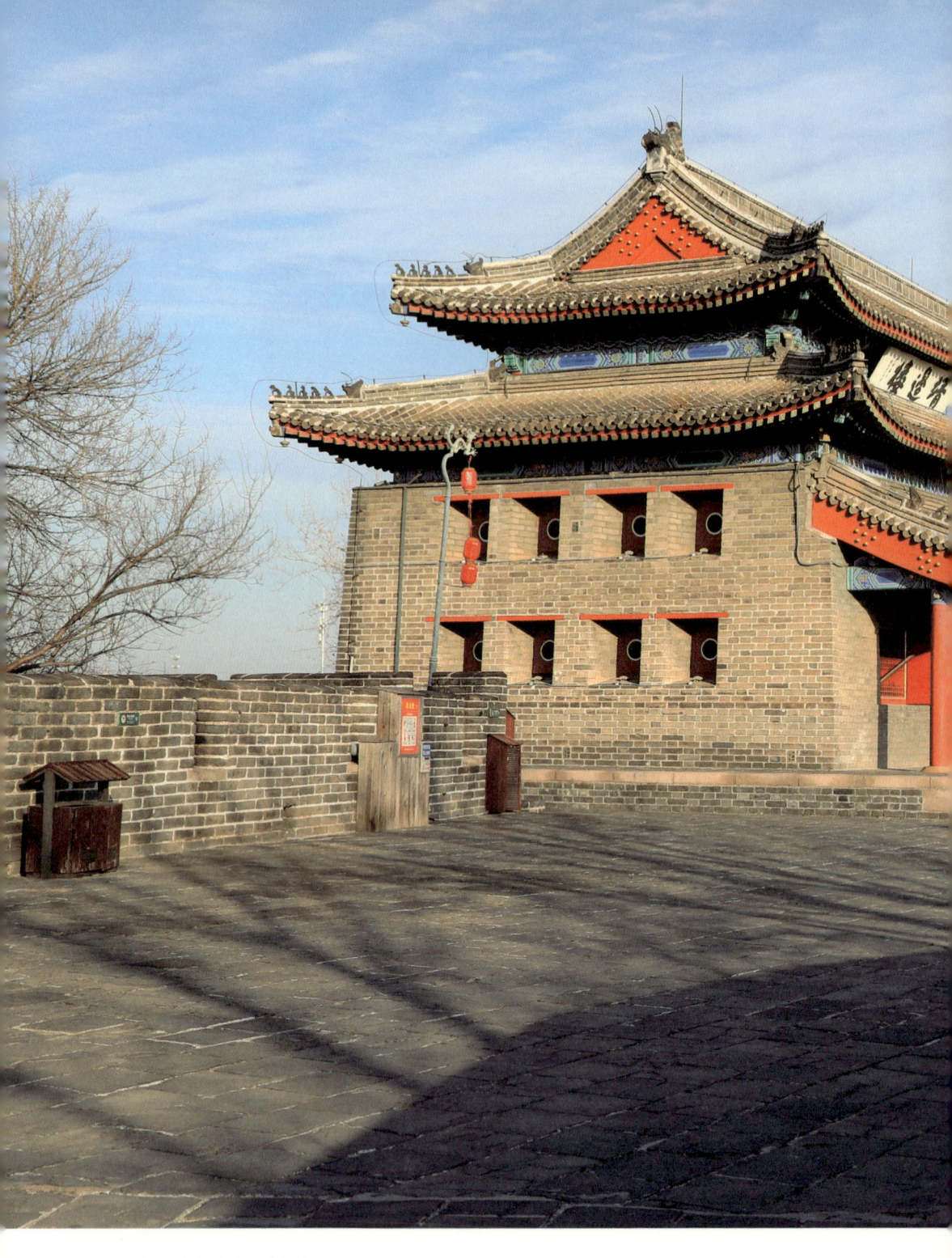

图 8 靖边楼（肖东摄）

中英长城与景观阐释：中国明代蓟州镇长城与英国哈德良长城景观考察记

2. 中国长城博物馆

中国长城博物馆位于北京市延庆区八达岭镇。博物馆建筑以中国长城的形态变体为主要特征，内部通过图片、模型等方式，对各个时期、多个地域的长城进行综合展示，力图从多个方面为参观者阐释博大精深的长城文化，提供丰富的长城内涵教育体验。

3. 八达岭长城、蟠龙山长城

八达岭长城、蟠龙山长城等（图9、图10），都是以攀登为主要体验方式。八达岭长城位于北京市延庆区八达岭镇，是全程被原址重建的，可参观的长度约为3.74千米，有19座敌楼，形态丰富。蟠龙山长城位于密云区古北口区域，长度为15千米，共有84座敌楼，可攀登长度约为5千米；制高点是将军楼，东西南北四面都设门，"四门敌楼"是其显著特点；最东侧高点上有被称为"二十四眼楼"的敌楼，造型独特，建筑共两层，且每层每面有3个箭窗，一共24孔。

长城在崇山峻岭中，高大雄伟，坚固非常。登临长城的过程，不仅令人身心愉悦，且步移景异，其雄伟壮观之美也尽收眼底，在这一过程中形成了娱乐与审美体验。

4. 河防口长城

位于北京市怀柔区的河防口长城，在37—39号敌楼之间设计建造了一条木栈道。参观者可以在栈道上欣赏这一段长城，其在自然界中模糊浑浊的形态，给人一种超越自然尺度的感动和震撼，产生阳刚雄壮之美的深刻体验。参观者可静态地欣赏长城局部或细部的美，抑或动态地感受整体景观或空间形态的美，形成独特的审美体验。

图9　八达岭长城（程霏摄）

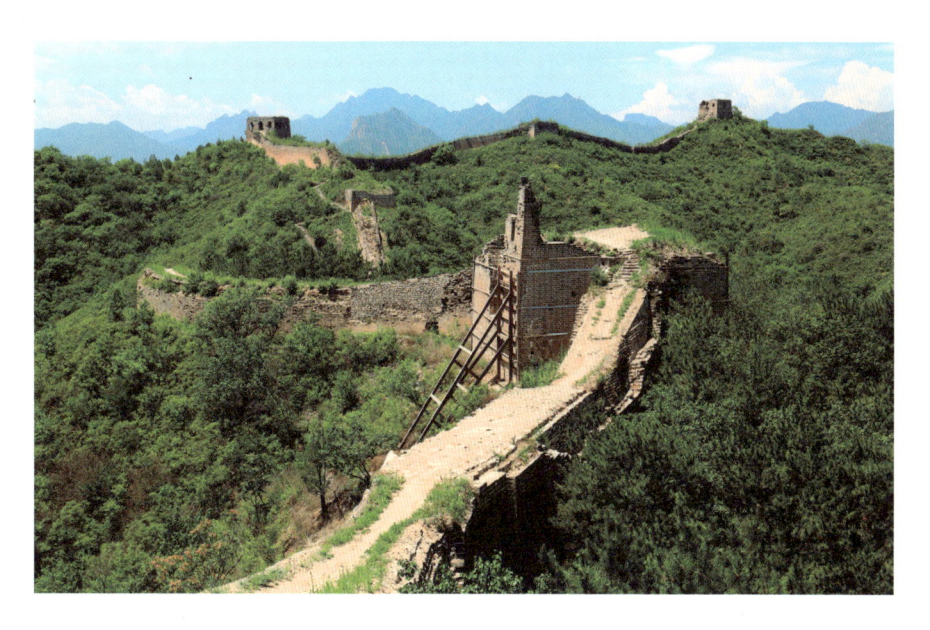

图10　蟠龙山长城（肖东摄）

图 11　金山岭长城（肖东摄）

5. 长城马拉松主题活动

　　此种方式是通过举办各类活动，弘扬长城文化，使参与者进行娱乐与沉浸的体验。长城马拉松是一项非常具有挑战性和吸引力的活动，比较著名的有天津黄崖关长城国际马拉松、河北金山岭长城半程马拉松、北京长城马拉松等。其中，北京长城马拉松是北京地区以长城为主题的一项国际性全程马拉松赛事，首次举办于 2015 年 10 月，在北京市怀柔区慕田峪长城区域举行。北京长城文化节通常在夏秋季节举办，从 2019 年开始，有参观、夜游等多种活动内容。（图11、图12）

图 12　慕田峪长城（程霏摄）

（二）哈德良长城的景观体验

1882 年，英国政府公布了《古迹保护法》（Ancient Monuments Protection Act），并于 1928 年把哈德良长城收录在被保护的古迹类型中。从 20 世纪 90 年代开始，英国相继制定了一系列管理、规划、保护哈德良长城的方针政策，同时着力发展哈德良长城周边文化旅游产业。

随着理念的更新和技术的进步，哈德良长城的保护与开放呈现出较好状态。在深入研究和分阶段考古的基础上，哈德良长城的内涵也在不断深化。哈德良长城仅沿墙进行了少量重建，而且并没有重建到全

图 13　汉考克大北方博物馆（程霏摄）

高的位置，可以在沃尔森德、文多兰达和卡莱尔的图利别墅博物馆（Tullie House Museum）找到哈德良长城墙体局部的复制品。同时，建立了哈德良长城国家步道，在 20 世纪考古调查的重点地点还建立了系列博物馆，周边社区可以为游客提供饮食和住宿。哈德良长城也存在着正在现场考古发掘的活景观，沿长城周边还有许多非常富有特色的农场，保留了重复利用哈德良长城石块建造的历史悠久的房屋和谷仓。对哈德良长城的体验，以沿国家步道徒步、参观遗址或博物馆、参加各种主题活动等为主，从而形成娱乐、审美、教育或沉浸的体验。比较著名的景点包括：汉考克大北方博物馆（Great North Museum-Hancock）、罗马文多兰达要塞和博物馆（Roman Vindolanda Fort & Museum）、豪塞斯特兹罗马要塞（Housesteads Roman Fort）等。

1. 汉考克大北方博物馆

纽卡斯尔市靠近哈德良长城的东端，纽卡斯尔大学校园内的汉考克大北方博物馆是英格兰东北部的地方博物馆。（图13）其中，哈德良长城展厅是该博物馆中最大的，也是游客的主要参观景点。基于哈德良长城深入和丰富的考古研究成果，展厅通过展出相关文物、在展厅中央放置大比例哈德良长城模型、互动式数字砌筑长城展示等，为展厅内的所有陈列和故事提供了较为丰富的参观体验内涵，参观者在多样的展示中了解哈德良长城相关知识，形成教育体验。

展厅西南角的七座祭坛以激光投影的方式直接将相关内容呈现在石面上，利用鲜艳的色彩和动画视频，展示了祭坛原本充满活力的外观，诠释了与祭祀相关的文化艺术，使参观者更加直观地了解与体验罗马祭坛和古罗马帝国文化。例如，在展示泰恩河中发现了罗马淡水和河流之神海王星的祭坛时，动画视频呈现出满是鱼的蓝色水下场景，参观者可以从中获得身临其境的审美与教育体验。

2. 本维尔罗马神庙

本维尔罗马神庙（Benwell Roman Temple），是一座传统的罗马神庙，位于本维尔要塞康德库姆（Condercum）附近。（图14）本维尔要塞是哈德良城墙沿线16座永久性要塞之一。本维尔罗马神庙曾位于要塞外的平民定居点内，供奉着当地的神灵安特诺西提克斯（Antenociticus）——安特诺西提克斯在英国或者欧洲的任何其他罗马帝国的遗址或铭文上都没有被提及，因此被认为是当地的神灵。当地人却以具有罗马帝国风格的方式来祭祀他，神庙建筑、祭坛和神像都是传统的罗马帝国风格。通过参观此处遗址，人们对当时的宗教信仰等会产生一定的认知和体验。

3. 里堡48至里堡49的长城步道

哈德良长城国家步道的建成，较好地解决了参观者数量不均衡的问题。（图15）这种游览形式，可以引导游客观赏更大范围内的长城，而不

图 14 本维尔罗马神庙（程霏摄）

图 15 哈德良长城国家步道（程霏摄）

是只集中参观长城中部少数几处重要遗址。在考古学家的建议下，在路线选择上，国家步道的建设方案考虑了路径所在区域考古学方面的敏感性和承载力。步道紧邻长城，表面采用草皮铺设，步道各段都按最高标准进行管理和维护。例如，从里堡48至里堡49的步道，参观者可以进行1英里（约1.6千米）的徒步，沿途经过两座炮塔。该步行道为游客提供了具有浓郁地方特色的乡村景观，沿线的展示牌提供了关于长城文化丰富的教育信息。

4. 文多兰达军堡

文多兰达军堡是一处道路军堡。（图16）该军堡是"英国顶级宝藏"（Britain's Top Treasure）之一的"文多兰达木牍文书"（Vindolanda Writing Tablets）的发现地。这些木牍文书包括私人信件、官方文件、用品账目，以及生日聚会的邀请函。通常情况下，木质材料很少能保存下来，是深层的厌氧沉积物使这些木牍得以保存。文多兰达木牍文书具有重要的国际意义，有助于研究和理解整个罗马帝国边疆。

参观完遗址后，参观者可以到遗址东侧

图16 文多兰达军堡（程霏摄）

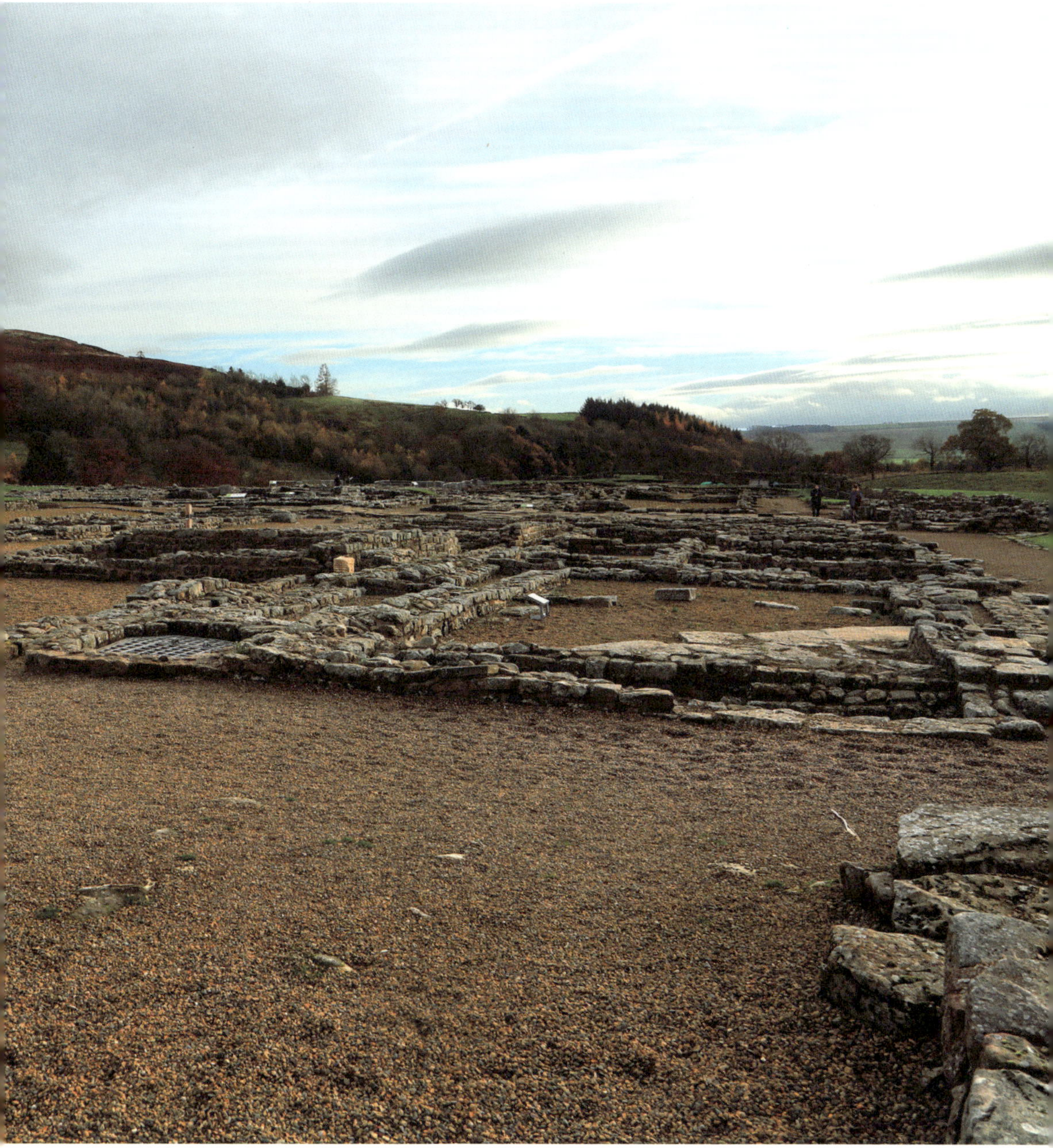

自然环境优美的博物馆，继续观赏珍贵的手写文献和其他文物，品尝当地的美味手工蛋糕。文多兰达遗址至今仍然在考古挖掘中，考古工作时间为每年4—9月，这也使文多兰达成为哈德良长城沿线的一个独特景点。在此期间，游客在周一至周五参观该遗址时，将有机会看到现场考古发掘。他们可以详细了解该遗址考古的实践和相关文化，并能现场向考古学家提出问题，参观者可以获得有关堡垒和考古学方面的教育体验。

5. 哈德良长城朝圣活动

哈德良长城相关的主题活动非常多。参观者可以在活动过程中，感知活动的愉悦气氛，沉浸在长城文化中，形成娱乐、教育与沉浸的体验。其中，最著名而且持续最久的活动是哈德良长城朝圣（Hadrian's Wall Pilgrimage）。该活动由考古专家和长城爱好者共同参与，从1849年开始，约每10年一次，2019年举办了第十四届。

2022年1月24日至12月23日，英国举行纪念哈德良长城始建1900年的系列活动。3月10日至13日，在纽卡斯尔市中心举办的"泰恩以北，群星之下"（North of the Tyne, Under the Stars）狂欢节就是其中的活动之一。"泰恩以北，群星之下"是分布于纽卡斯尔市中心的6个地点，融合了灯光、音乐的户外展演活动。比如，"带我去河边"景观，参观者可以通过呈现在布莱克威尔书店东立面的影像，体验从苏格兰边境到泰恩河岸，当地历史故事给予的启发。"幻境"是投影到市民中心的圆柱形建筑表面的灯光景观，以使其变成一座闪闪发光的、充满幻境的建筑，再由钟塔提供动力而围绕其中轴旋转，就像泰恩河水和泰恩河神一样，水和能量从塔上涌下来，使巨大的幻境旋转。古代的祭台和马车、近代的齿轮、现代的旋转木马等内容相继呈现，泰恩河以北的故事在一个动态的旋涡中起伏跌宕，人们在这一幻境中感受到时间流淌所蕴含的丰富内涵。"泰恩以北，群星之下"活动使参观者获得了很好的娱乐与教育体验。

（三）明代蓟州镇长城与哈德良长城的景观体验比较探讨

"中国长城"一词，英文译为"The Great Wall of China"，是欧洲人对中国长城的理解，可能考虑到以局部的名称指代全称。因为中国长城作为一个整体性防御系统，主要的边界防御采取了"墙"的方式，如在明代长城中，人工墙体的长度为6259.6千米，占总长度的71%。"Frontiers of the Roman Empire"中文译为"罗马帝国边疆"，中英文翻译都是对古罗马边疆防御系统的统称。因为罗马帝国边疆只有少量的以墙体作为防御体系的区域，英文仅将这些区段称为"墙"（the Wall or Limes），即哈德良长城（Hadrian's Wall）、安东尼长城（Antonine's Wall）和德国长城（the Upper German-Raetian Limes）。

1. 两者景观体验的相似性

明代蓟州镇长城与哈德良长城的体验内容都包括长城遗产、博物馆和相关活动等，具有如下相似性：第一，都是主要用小砌块材料砌筑建造的大型线性世界文化遗产；第二，都作为古代著名的军事防御体系，由防御设施、军事聚落等共同构成，而防御设施作为最具特点的部分，是吸引参观者的主要方面。

2. 两者景观体验的差异性

明代蓟州镇长城与哈德良长城在建造和使用时间、长城墙体的材料、长度、景观等方面都展示出较大的差异。遗产本体的差别，使两者各自具有独特的景观。另外，长城景观是随着时间的推移而不断被改变和塑造的。

一是由于遗产本体的不同，对其体验的情况就不同。参观者徒步在长城上的体验差别很大，明代蓟州镇长城以在长城上攀登为主，哈德良长城以沿长城墙体旁边的步道徒步为主。

二是可见与不可见景观体验的情况不同。蓟州镇长城以可见景观的体验为主；哈德良长城遗址对两者进行了综合，特别是对城市中很多已经不可见的区段，采用在当地综合性博物馆设置展厅或在地面、建筑墙面进行标识等方式，对相关长城文化进行展示。

三是参考的视角不同，获得的体验也不同。明代蓟州镇长城因位于崇山峻岭中，参观者主要以仰视的视角进行体验。哈德良长城由于结构不完整，故多为平视视角。在塞格杜姆罗马要塞（Segedunum Roman Fort）则采取了俯视的体验方式，主要是由于此堡保存着较为完整的要塞格局，在毗邻遗址的博物馆设置了一个9层高的观景塔，这为鸟瞰和全面了解要塞提供了很好的条件。

四是活动与事件的体验不同。对哈德良长城的参与是多角度、多途径的，包括社区、考古现场的参与和观察，多种事件的参与等，从而使参观者产生娱乐、教育、审美、沉浸等多样的体验。明代蓟州镇长城以马拉松赛事、文化节为主，参与者对其的体验更多在于娱乐、审美等方面。

四、结语

长城是大型线性景观。通过中国明代蓟州镇长城与英国哈德良长城的比较研究发现，可以在以下四个方面深化和提升对长城的研究，有助于更好地提升参观者对长城的景观体验。

一是找出体验的关键点。这是长城景观体验的基础，发掘具有景观典型特征的代表性长城段落的价值，深度分析其遗产构成和相关文化特征，以及景观随着时间变化而呈现出的更多内涵。可以运用历史景观识别的方法，分析长城及其环境的景观特征。根据这些特征，确定适当的长城体验区段并设计合适的长城体验内容，如有些区段可以体验长城遗址，有些区段可体验长城建筑，有些区段可结合当地博物馆的展陈进行长城地域文化的参观体验，等等。其中，博物馆的规模、主题等需要进行深入的论证，以更好地阐释长城景观与文化内涵。

二是阐释和展示内容的深化。展示长城文化内涵，不仅是对长城的现存情况做简单介绍，还需要进一步调查和研究其相关的历史、村落、社区、习俗等深层文化内涵。同时，将这些成果通过适当的方式呈现，如展示板、景观设计等，以使参观者获得更加丰富的信息。

三是探索多样化的展示与体验途径。不同长城区段，可以根据其内涵和特点，设计不同的体验方式。既有步行参观体验，又有车行参观体验，有些遗址可以设计观景台、观景塔，形成更加丰富的娱乐或审美体验。实物与数据展示也可以形成不同的教育体验。

四是加强社区与志愿者的参与。周边社区、志愿者等都是长城景观的关联者，需要统筹考虑。除了餐饮、民宿等，还可以对地域性民俗、长城相关环境的历史内涵等内容进行发掘，以进一步补充长城景观体验的内涵与外延，增加参观者对当地长城文化的体验深度，也可以使社区与长城的联系更加紧密。

综上，通过对长城景观的深入研究，在阐释和展示的内容与方式上进行提升，可以避免在国家文化公园建设中产生"千园一面"和同质化问题，使参观者获得更加多样的体验。

本 篇 注 释

[1] 周小凤、陈晨、张朝枝、刘文艳、于冰：《长城的旅游利用现状与发展趋势》，载英格兰遗产委员会、中国文化遗产研究院编著《双墙对话：第二届中国长城与哈德良长城保护管理研讨会文集》，文物出版社 2021 年版，第 300—309 页。

[2] B. Joseph Pine II, James H. Gilmore, *The Experience Economy: Work Is Theatre & Every Business a Stage*, New York: Harvard Business School Press, 1999, p.12.

[3] 罗伯·柯林斯：《通过景观考古学理解哈德良长城》，载英格兰遗产委员会、中国文化遗产研究院编著《双墙对话：第二届中国长城与哈德良长城保护管理研讨会文集》，文物出版社 2021 年版，第 85 页。

[4] ［英］麦克·柯林斯、马修·奥基、亨利·欧文·约翰等：《"双墙对话"：英格兰遗产委员会哈德良长城保护管理十年回顾》，张依萌、于冰译，《中国文化遗产》2018 年第 3 期。

[5] 河北省文物研究所编著：《明蓟镇长城：1981—1987 年考古报告·第一卷 山海关》，文物出版社 2012 年版，第 2—3 页。

长城解读与体系建构：
国家文化公园历史空间的叙事结构考察记

杨莽华 | 中国艺术研究院建筑与公共艺术研究所

国家文化公园如何叙事？这是一个不可回避的问题。建设国家文化公园的一个基本动因在于通过空间的综合划分，为国家重要的文化资源保护利用辟出专属领地，以保护一个或多个文化生态系统的原真性、完整性。而以叙事学视角看待这个系统，它并非各项文化遗产甚至是无形文化遗产的罗列总和；"讲中国故事"也不仅仅是记录描述的文本，其所要探寻的是文化生态系统的各要素之间形成的结构关系和网络关系，找到语言叙事和空间叙事中的秩序感、认同感。而对于文化生态系统中结构关系的认知和保护比起保护遗产要素个体更为重要，因为结构的消亡意味着系统整体破坏。

一、金山岭长城呈现的结构叙事时间性和空间性

源自结构主义的叙事学始于语言叙事，是文学理论研究的重要组成部分，结构主义叙事学建立的一套理论模式，对研究对象复杂的内部机制进行精准解析，揭示不同因子之间的关系构成，从而打破了与传统文

学理论偏重社会因素和心理因素分析以及主观臆断的思维定式。20世纪60年代末，叙事学作为一门学科诞生，凭借理论活力和学科渗透力，其视角和研究方法被不断运用和延伸。

叙事结构既处于时间维度，更离不开空间维度。伴随着"经典叙事学"到"后经典叙事学"的转向，在逻辑上，叙事学也应该有一个由时间维度上的研究向空间维度上的研究的转向。西方许多研究者开始探讨叙事文本的空间结构，其中具有广泛影响的是美国学者加布里尔·佐伦（Gabriel Zonan）1984年发表的《走向叙事空间理论》一文，搭建起最具实用价值的叙事空间结构模型。他将叙事的空间看作一个整体，提出三个层次：地志空间（作为静态实体的空间，它可以是一系列对立的空间概念，如里与外、村庄与城市，也可以是人或物存在的形式空间，如神界与人界、现实与梦境）；时空体空间（由事件和运动形成的空间结构，它包括共时和历时两种关系）；文本空间（文本所表现的空间，受语言选择性、文本线性时序和视角结构所局限）。（图1、图2）

除了对空间的纵向划分，空间结构还应该在横截面上进行探讨。其在空间结构的水平维度上分出三个层级：总体空间、空间复合体和空间单位。场景构成空间复合体的一个基本单位，与地志层面相关的场景就成为场所，和时空层面相关的场景就成为行动域，而文本层面的场景则成为视域。

图1　滦平县金山岭长城（杨莽华摄）

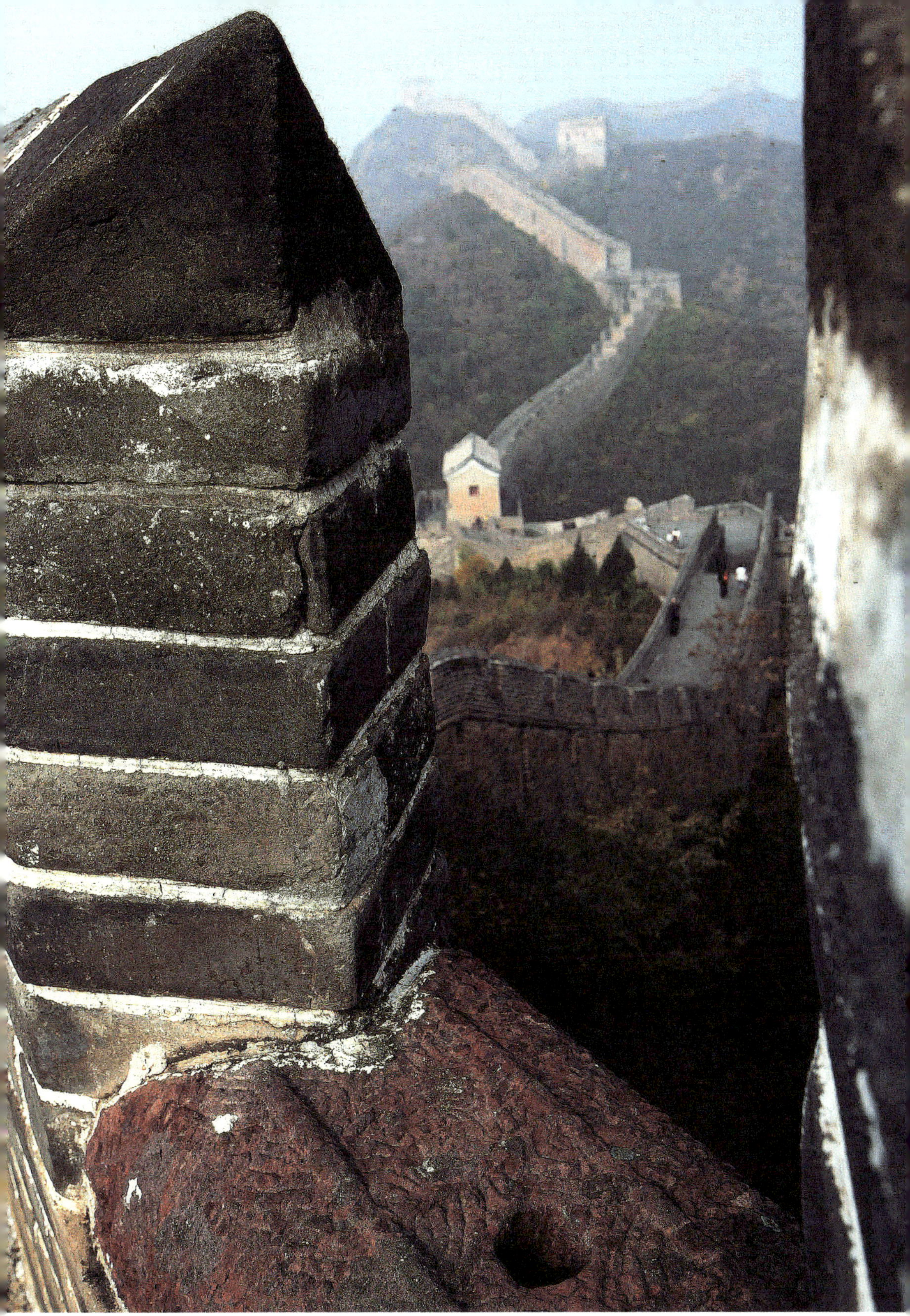

图 2　金山岭戚继光广场（程霁摄）

二、新疆唐代烽燧与内蒙古金界壕呈现的从语言叙事向空间叙事

发生在 20 世纪尾声学界引人注目的"空间转向"的思潮，被认为是知识和政治发展的重要事件之一。"空间性"引发多个人文学科改变了研究视角和方法，把以往的时间和历史思维转移到空间和地理上来，总体趋向横断式研究。

实际上，人的存在首先是空间性的，从空间潜入时间之流；人的认识依靠想象，想象总是图像优先，而图像的本质是空间存在。再现依靠记忆，记忆是空间性的，符号传达依靠双方共有的认识"图式"，而图式也首先是空间性的。事件的发生无法脱离时间与空间，空间是存在的核心问题，也是叙事的核心问题。时间维度只是叙事的表征，而空间维度是时间维度的前提，本身也是叙事表征内含的维度，对它的研究更具有深层意义。时间只有以空间为基准才能考察和测定，正如空间只有以时间为基准才能考察和测定一样，无论是作为一种存在，还是作为一种意识，时间和空间都是不可分割的统一体。许多事件的发生是同时的，它们之间没有必然、因果和逻辑的联系。只以时间线索串联并叙述这些事件，在很大程度上是对真实性的遮蔽。（图3）

后现代地理学家爱德华·W.苏贾曾说："人们在察看地理时所见到的，无一不具有同存性，但语言肯定是一种顺序性的连接，句子陈述的线性流动，由最具空间性的有限约束加以衔接，两个客体（或两个词）根本不可能完全占据同一个位置（譬如在同一个页面上）。对于词语，我们所能做的，无非就是作重新的收集和创造性地加以并置的工作，尝试性地对空间进行诸种肯定和插入，这与现行的时间观念格格不入。"[1]值得注意的是，这里探讨的空间并非物理空间，而是主观意识中或者心理学意义上的空间。因此，叙事学研究所叙之事并非物理空间中的问题，而是其在意识空间或心理空间方面的可接受性。

思想家米歇尔·福柯在《不同空间的正文与上下文》中指出："我们时代的焦虑与空间有着根本的关系，比之与时间的关系更甚。时间对我们而言，可能只是许多个元素散布在空间中的不同分配运作之一。"[2]今天，遮挡我们视线以致辨识不清诸种结果的，是空间而不是时间；表现最能发人深思而诡谲多变的理论世界的，是"地理学的创造"，而不是"历史的创造"。[3]（图4）

建筑学者诺伯格·舒尔兹在《存在·空间·建筑》一书中写道："人之对空间感兴趣，其根源在于存在。它是由于人抓住了在环境中生活的关系，要为充满事件和行为的世界提出意义或秩序的要求而产生的。"[4]

图3 新疆柯尔孜烽燧(杨东摄)

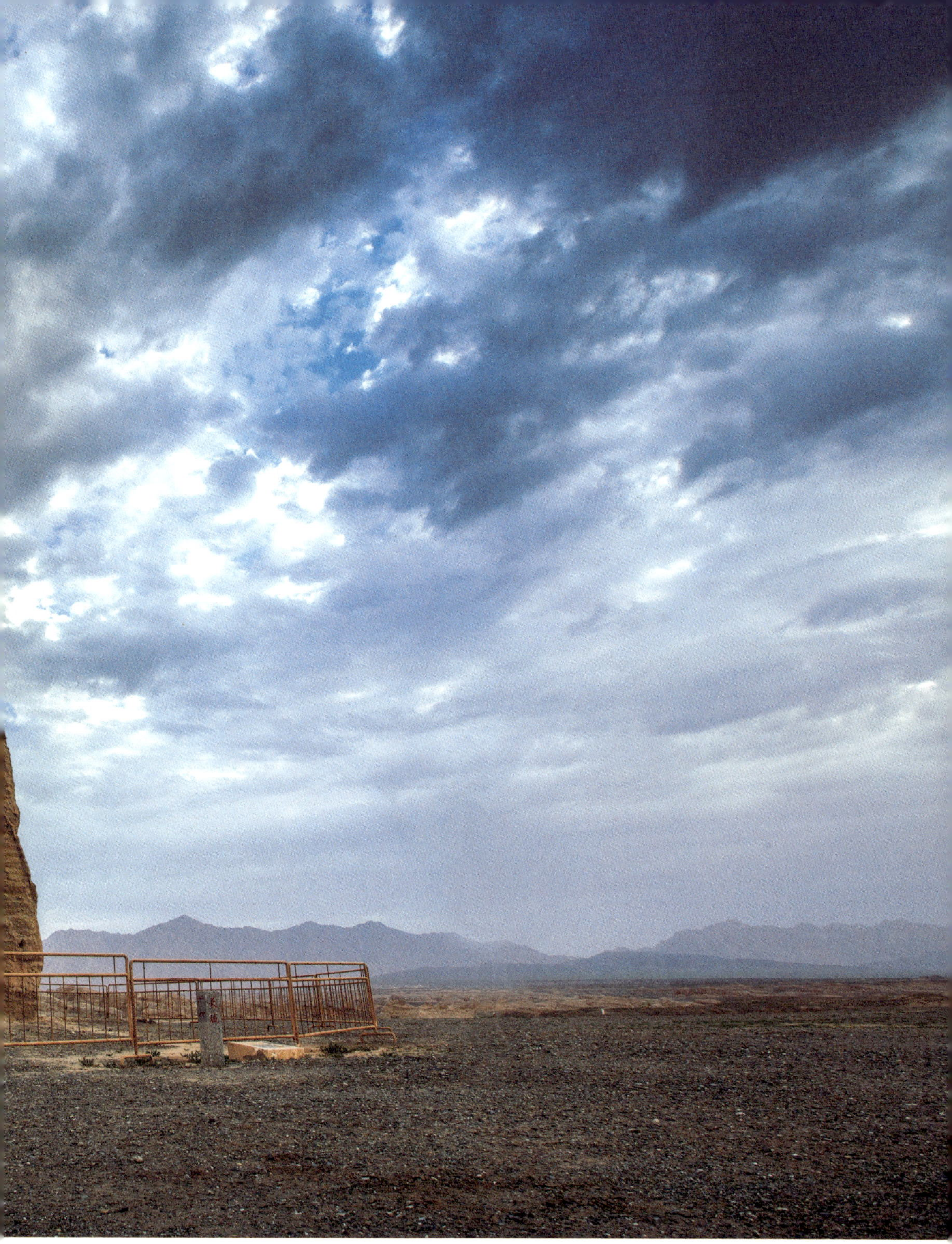

图4 金界壕（杨东摄）

叙事是一种最基本的人性冲动，是在时间和空间中展开的文化行动。以往的叙事对事件进程关注较多，与空间的关系问题研究很少。人类"叙事"的动因，是要把发生在特定空间中的事件保存在记忆中，从而抗拒遗忘，将意义赋予存在；研究"叙述"的方法论来为叙事对象厘清秩序和形式。无论个人还是社会，时空中已经发生的事件都储藏在记忆中，"如果没有记忆，就没有任何可以讲述的内容"，记忆不仅是时间性的，更是空间性的。从存在与空间的深层关系入手，在跨学科视野中对空间意识与人类叙事之间的本质关系展开深入的论述，是非常必要的。

三、金山岭呈现的从场所记忆到历史空间

诺伯格·舒尔兹所说"存在空间"是沉淀在意识深处的"比较稳定的知觉图式体系",具有认知功能,是人们熟悉并投注了情感的空间。乡愁之地即这种"存在空间",身处世界任何一方,"存在空间"都是一个参照坐标。同样,空间或者场所一旦刻录了事件、记忆和大众认同,即可呈现为文化景观,形成历史空间,记忆之场启发了人们对历史真实的认知。具体的人物、事件以及过程与特定空间的结合,便有了一个场所,这个场所构成了叙事空间,体验的多样性是叙事空间的最重要的特征。(图5)

场所可以寄托某一社群或共同体的集体记忆,"场所就是在不断叠加的过程中,各种各样的事情都在那里发生的地方,是一个将人类集团统合在一起的地方。场所是共同体的依靠和支柱"[5]。"在建筑与语言领域中,历史呈现的过程不是那种后一阶段彻底抹去前一阶段,而是每个阶段都有遗痕,不同阶段的痕迹保持在今日我们看待世界的方式上。"[6]在交通体系和传播媒介高度发达的当代,地球变成了"地球村",时间在空间迁移中的重要性大幅降低。历史性、序列性的流动转而成为地理性、同在性的存在;空间感代替时间感成为人类感觉的中心。给历史事件创造一种空间性的结构,把"储藏"这些事件的空间做出合理的、有秩序的安排,需要在历史场所中找出最核心的空间。一个社群或人类共同体的"圣地"或"神圣空间"就具有这种核心地位,也是历史的"起点"。一部历史文本的空间结构,犹如被"神圣空间"编织起来的历史场所的网络。(图6)

图5　金山岭长城被保护后的历史沧桑感（肖东摄）

"将叙事学引入到场所理论之中，耦合场所物质空间结构及其文化意义，将场地的历史特性、知觉体验、文化信息与其定居者有效组织在一起"[7]，成为文化空间理论的一个重要内容。

场所植入人类制造便有了景观，或者称为"人文景观"。"景观也充当着一种社会角色。人人都熟悉的有名有姓的环境，成为大家共同的记忆和符号的源泉，人们因此被联合起来，并得以相互交流。为了保存群体的历史和思想，景观充当着一个巨大的记忆系统。"[8]

图6 金山岭长城复建后的原始建制信息（程霏摄）

四、结语

国家文化公园是与建立实施国土空间规划体系同步进行的。空间规划体系要构建的是空间治理和空间结构优化的体系，以主体功能区为基础，现有行政区划定包括文化生态空间在内的生态保护区。因此，以文化地理视角认识文化现象的发展演化和空间分布、组合，进而划分区域十分必要。空间叙事对历史空间、记忆场所各要素之间结构网络的研究体系，应成为国家文化公园空间规划的理论课题之一。

本 篇 注 释

[1]　[美]爱德华·W.苏贾:《后现代地理学——重申批判社会理论中的空间》,王文斌译,商务印书馆2004年版,第3—4页。

[2]　[法]米歇尔·福柯:《不同空间的正文与上下文》,载包亚明主编《后现代性与地理学的政治》,上海教育出版社2001年版,第20页。

[3]　[美]爱德华·W.苏贾:《后现代地理学——重申批判社会理论中的空间》,王文斌译,商务印书馆2004年版,第1页。

[4]　[挪威]诺伯格·舒尔兹:《存在·空间·建筑》,尹培桐译,中国建筑工业出版社1990年版,第1页。

[5]　[日]香山寿夫:《建筑意匠十二讲》,宁晶译,中国建筑工业出版社2006年版,第135页。

[6]　沈克宁:《建筑类型学与城市形态学》,中国建筑工业出版社2010年版,第1页。

[7]　陆邵明:《场所叙事:城市文化内涵与特色建构的新模式》,《上海交通大学学报(哲学社会科学版)》2012年第3期。

[8]　[美]凯文·林奇:《城市意象》,方益萍、何晓军译,华夏出版社2001年版,第95页。

长城保护与承继前序：
长城遗产岁月痕迹考察记

田林 | 中国艺术研究院建筑与公共艺术研究所

吴炎亮 | 中国文化遗产研究院

张克贵 | 故宫博物院

一、长城国家文化公园建设的主要内容

长城国家文化公园建设涉及本体保护工程、环境整治工程、展示利用工程和服务设施工程等不同工程类型，其中本体保护工程是国家文化公园建设的核心内容。近期，我们对部分省、市长城保护工作进行了调研，初步了解了长城国家文化公园建设过程中有关工作的进展情况。在调研中发现，长城本体及其赋存环境出现了新的变化，特别是城墙本体存在诸多险情，这给长城保护工程造成新的困难。长城国家文化公园建设所涉及的工程内容很多，但文物本体保护无疑是根本，是重心所在，离开了文物本体保护，展示利用则无从谈起。因此，在长城国家文化公园建设过程中，必须以保护文物本体为基础和前提，长城国家文化公园建设需优先开展长城本体的保护与研究。

二、长城墙体呈现的岁月痕迹

目前,长城保护工作整体开展有序,在国家和地方政府持续投入长城保护资金的前提下,经过各级文物管理部门和广大文物保护工作者长期尽职、不懈努力,极大地缓解了长城本体面临的各种险情,长城得以有效保护。但调查中发现,长城仍然面临着人为因素影响、环境因素变化和自然病害侵袭等诸多问题。

(一)人为因素影响

历史上曾经出现人为盗用、拆除城砖的现象。近年来,由于长城管理加强、宣传到位、惩戒严明,此类现象已从源头上得到了有效遏制。但在长城未开放的无人管理区域,仍然存在私自旅游、刻画、踩踏等行为,尤其存在当地村民在放牧过程中纵容羊群攀爬墙体的现象,羊粪对长城本体污染较大,需尽快完善相关政策与措施,加大对"野长城"管理的力度。此外,由于长期存在长城修缮资金不充足、不及时的现象,资金投入的速度和修缮的速度赶不上长城本体劣化和环境恶化造成破坏的速度,长城保护工作仍任重道远。

(二)环境因素变化

随着地球温室气体排放的加剧,我国气候环境发生较大变化,北方地区气温上升,长城沿线季节性雨水明显增多,加之长城本体因历经久远而造成结构松动和自然劣化,部分长城城墙出现了新的险情。

根据气象部门资料分析,我国北方干旱地区气候变化显著,降雨明显增多，例如 2021 年郑州遭遇百年不遇大水、塔克拉玛干沙漠突发洪水等。有学者对 2001—2016 年我国气候进行了专门研究，发现中国东部地区（100°E 以东）"南涝北旱"的格局正在发生显著的变化，长江上中游及江淮流域已呈现显著的干旱化趋势，而华北地区的降水已转为增加趋势，东部"南旱北涝"的格局基本形成。长城分布在我国北部，其沿线降雨量比以前明显增多，环境变化导致长城原有病害程度加剧，并产生了新的病害类型。例如，植物生长加速，苔藓、菌类增加，潮湿、冻融加剧等，致使长城墙体、敌台、关堡、烽燧破坏增速。

（三）自然病害侵袭

由于降雨量明显增多，适合潮湿环境的植物、霉菌、苔藓等大量生长，长城文物本体上部及周边杂草、灌木生长迅速，其根系危及墙体、敌台、关堡、烽燧安全，或生成新的裂缝，或导致裂缝发育，滋生霉菌、生长苔藓，严重侵蚀墙体面层。表 1 中列出了近期调研长城部分点段的主要病害类型。由于年久失修，加之上述环境变化和长期自然破坏，长城文物本体的部分点段残损较为严重。据初步统计分析，就其残损程度而言可以分为两类：一类是存在结构性安全隐患亟待抢险和修缮的，主要包括券顶和券脚坍塌、墙体根部掏蚀、墙体严重歪闪和结构性裂缝等；另一类是近期不存在结构性安全隐患，但存在长期持续性破坏的，主要包括裂隙发育、墙体表面风化、霉菌造成的劣化和冲沟发育等。（表1）

表1 长城部分点段的主要病害类型

病害1 券顶和券脚坍塌	病害2 墙体根部掏蚀	病害3 墙体严重歪闪	病害4 结构性裂缝
程度：严重 周期：近期	程度：严重 周期：近期	程度：严重 周期：近期	程度：严重 周期：近期
病害5 裂隙发育	病害6 墙体表面风化	病害7 霉菌造成劣化	病害8 冲沟发育
程度：轻微 周期：长期	程度：轻微 周期：长期	程度：轻微 周期：长期	程度：轻微 周期：长期

注：上表中照片均为田林摄。

三、形制研究与保护措施

按照《中国文物古迹保护准则》的工程分类，长城保护工程一般包括保养维护与监测、加固、修缮、保护性设施建设以及环境整治等工程。不同类型工程应采取不同的保护方法与措施，此处不再赘述。本文仅就调研中发现的实际问题，提出以下针对性措施。

（一）强化考古形制研究

在本次调研中发现，长城部分墙体和敌台由于年久失修，局部坍塌或被杂土植被淹没，城墙形制和历史边界不清晰。历史上，这类修缮工程一般直接由修缮技术人员进行勘察，鲜有考古专业人员配合开展考古调查与考古发掘工作。由于专业的局限性以及缺乏多学科间的协作，势必造成相关历史信息的遗漏甚至谬误。为进一步提高长城修缮工程的科学性和准确性，亟须开展长城保护前期考古及长城学术研究，亟须考古、测绘、历史、建筑、规划、遗产保护等多学科的介入与融合，进而提炼出关于长城保护的理论性研究成果。2018年6月至10月，北京大学考古文博学院对北京箭扣南段长城151—154号敌台及边墙进行了考古调查，完善了长城敌台和边墙形制研究，对该设计方案科学化制定起到了重要支撑作用。

（二）注重做法特征凝练

长城修缮中应注重对墙体工程做法特征的研究、分析与凝练。如墙体、垛口、宇墙、海墁等不同部位的砌筑方法及特征；分析研究砌筑材料的构成、尺度、强度等物理特性；分析提炼灰浆等黏结材料的成分、配比以及城墙砌筑的传统工艺特征等。从本次调研长城墙体分析，其灰缝勾抹、射击平台砌筑、宇墙砌筑、海墁铺设等具有独特之处。例如，在城墙陡峭地段，为方便射击砌筑阶梯状平台；垛口下部条石中部留有小孔，作为弓箭的支点等（表2）；研究该段长城不同于其他点段城墙的特殊做法，弄清该做法形式背后原理与功能，避免因勘察研究不足而产生忽略和漠视，避免由此造成长城重要历史信息的灭失。

表2 长城部分点段主要工程做法特征分析

灰缝勾抹方法	射击平台砌筑方法	宇墙砌筑方法	垛口条石做法

注：上表中照片左起1、3、4为田林摄，2为张鹤珊摄。

（三）实施整体形态控制

长城本体修缮过程中应坚持最小干预原则，该原则内涵丰富，本文重点强调对长城本体整体形态的控制，主要针对以下三种情况。

第一，明确工程类型，控制工程内容。应明确抢险工程与修缮工程之间的区别，抢险工程应以临时性支护为主，其主要目的是排除险情，包括支顶、搭设保护棚等方式，可采用传统做法，也可以采用现代技术措施和现代材料，其原则是优先选择方便、快捷的材料与措施。该类措施不应视为永久性保护措施，条件成熟时，还应尽快编制修缮设计方案，实施修缮工程。按照文物修缮原则和"四原"原则实施的修缮工程是长城保护的主要方式。在实践中，往往出现以抢险工程替代修缮工程，或名义上是抢险工程，实际内容是修缮工程，这些做法均是不当的。

第二，保持遗址状态，控制墙体形态。修缮后与修缮前墙体的整体形态应当保持一致，不宜有大的改观；遗址状态的长城墙体应保持现有的遗址形态，不宜采取全面恢复的措施；已缺失垛口、宇墙的墙体，即使有充分的依据，也不宜恢复垛口和宇墙。修缮后的墙体，应当保护上下错落的形态，不宜取直、取平。

第三，归安散落砖石，控制新配材料。长城修缮应尽量使用周边散落的原材料，减少新制、添配材料的使用。应尽量收集周边散落的砖石，实施原位归安，无法判断"原位"的具体位置时，应根据散落砖石的位置、方向等信息，采取逆向推理法，尽量就近归安。新制、添配材料仅可应用于存在险情和残损严重部位的修补，如墙体根部掏蚀修补、券砖缺失补砌、墙体断裂拉结、墙体坍塌支护、风化墙体剔补、碎裂面砖更换等，且应尽量控制补配、更换的数量。

（四）强化保护措施应对

面对新的环境变化，应增加保护措施的针对性。例如，清理杂草、灌木及苔藓、霉菌时，应根据降水规律，调整清理时间，增加清理频次。对这类病害的清理，应在病害产生的初期进行，这样可避免根系快速生长后对墙体造成大面积破坏，避免给清理工作造成更大难度。这就需要对长城保护管理的体制机制进行完善和创新，尽快建立动态养护机制，强化保护措施的针对性和实效性。

判断长城墙体、敌台的安全程度，应重点关注长城文物本体的现存状态。有的敌台虽然坍塌严重，如锥子山长城6号敌台，但其目前已成为遗址状态，坍塌后的现状处于相对稳定状态；而锥子山长城3号敌台南侧门洞发券砖全部脱落，仅存上部悬空墙体，依靠灰浆的黏合力只能维持暂时稳定，该敌台存在坍塌隐患。准确判断病害的严重程度是后期采取抢险、修缮和日常保养等不同保护措施的依据。

四、优先行动建议促进长城国家文化公园建设的有序开展

作为我国规模最大、分布最广的线性遗产,长城的保护研究工作是一项系统工程。在长城国家文化公园建设过程中,我们必须切实把本体保护放在优先地位,同时在制度建设和体制机制方面做出如下尝试。

(一)构建基金体系,拓展筹资渠道

专项资金支持是长城保护工程得以实施的保障。尽管中央和地方各级政府每年均有大量资金投入长城保护修缮工作,中国文物保护基金会等社会团体也筹集资金开展了部分点段长城的修缮工作,但专项资金总体缺口仍然较大,无法满足长城自然损坏带来的修缮需求。因此,应进一步拓展资金筹措渠道,如构建长城专项保护基金体系,鼓励企业和个人捐款并建立纳税等额减免机制等。在目前改革社会财富再分配制度和实现共同富裕的背景下,进行长城保护资金管理制度化创新,调动广大人民群众积极参与到长城保护中来。

(二)调整经费分配,实施制度创新

制度创新是长城保护工程得以实施的手段。我国的长城保护工作,主要以申报修缮项目的形式开展,日常保养维护严重不足,大多长城点段甚至根本不做日常保养维护。这就类似人体,小病不治,等酿成大病后,再住院开刀治疗,投入必然更大。究其根本原因是修缮资金不足和修缮项目资金管理制度不合理。日常保养维护工程资金应由地方财政解决,但长城沿线大部分地区的地方财政状况比较不好,且没有设立日常保养

资金科目。因而，需要从资金管理制度上进行创新，比如调整国家经费分配形式，从国家修缮经费盘子里单独列出长城日常保养维护的经费，并要求地方财政按照一定比例进行分配，以缓解资金不足和科目分配不合理问题。

（三）变革保养形式，培训人才队伍

保养形式变革是指对现有长城日常保养维护的形式进行变革。对有能力的长城保护员进行保养维护技术性培训，培训合格后，发放相应的证书，允许其开展除草、清理植被、临时支护等简单的日常保养维护工作。制定详细的长城保护日常保养规范和案例阐释，制定保养维护工程资金预算标准，界定长城保护员参与日常保养维护项目的权限和职责。这样，不仅可以及时发现问题并及时采取措施，避免小病不治酿成大病的现象，还可以有效节约保养维护经费，避免文物保护工程施工企业因保养项目经费少而不愿进场的问题。

（四）共享合作机制，开展交流互鉴

长城国家文化公园建设是我国文化建设的新命题，缺乏相关经验，长城本体保护又产生了大量新难题，因此，需要全面创新合作共赢的新机制，搭建合作共赢的新平台。积极发挥传统媒体和新媒体的传播能力，通过规划、设计、施工、管理人员，以及专家、学者、看护员及游客等相关人员广泛交流与合作，相互学习、相互借鉴，全面提升长城本体保护利用和长城国家文化公园建设水平。

面对长城国家文化公园建设中长城文物本体及其赋存环境存在的诸多问题，进行保护原则与保护理念的再认识，对长城的形制、做法特征

进行深入研究，有针对性地制定保护措施，并将对日常保养维护工程的制度创新作为长城本体保护优先行动的保障。通过实施优先保护，确保长城文物本体安全，改善赋存环境，全面推动长城国家文化公园建设的有序开展。

图书在版编目（CIP）数据

行行复行行．长城国家文化公园文化考察 / 韩子勇主编．-- 北京：文化艺术出版社，2025.1. -- ISBN 978-7-5039-7778-7

Ⅰ．S759.992

中国国家版本馆CIP数据核字第2025SP2773号

行行复行行
——长城国家文化公园文化考察

主　　编	韩子勇
执行主编	田　林
责任编辑	刘锐桢
责任校对	董　斌
封面设计	李　响
内文设计	顾　紫

出版发行　文化藝術出版社

地　　址　北京市东城区东四八条52号（100700）

网　　址　www.caaph.com

电子邮箱　s@caaph.com

电　　话　（010）84057666（总编室）　84057667（办公室）
　　　　　　　　84057696—84057699（发行部）

传　　真　（010）84057660（总编室）　84057670（办公室）
　　　　　　　　84057690（发行部）

经　　销　新华书店

印　　刷　鑫艺佳利（天津）印刷有限公司

版　　次　2025年6月第1版

印　　次　2025年6月第1次印刷

开　　本　710毫米×1000毫米　1/16

印　　张　10.75

字　　数　120千字

书　　号　ISBN 978-7-5039-7778-7

定　　价　88.00元

版权所有，侵权必究。如有印装错误，随时调换。